南京航空航天大学高安全系统软件开发与验证技术
工业和信息化部重点实验室开放基金资助

软件漏洞报告
智能分析与检测关键技术研究

吴潇雪 孙小兵 郑 炜 薄莉莉 李 斌 著

西安交通大学出版社
XI'AN JIAOTONG UNIVERSITY PRESS

图书在版编目（CIP）数据

软件漏洞报告智能分析与检测关键技术研究/吴潇
雪等著．—西安：西安交通大学出版社，2023.10
ISBN 978－7－5693－3245－2

Ⅰ．①软… Ⅱ．①吴… Ⅲ．①软件可靠性－研究
Ⅳ．①TP311.53

中国国家版本馆 CIP 数据核字（2023）第 101193 号

软件漏洞报告智能分析与检测关键技术研究
RUANJIAN LOUDONG BAOGAO ZHINENG FENXI YU
JIANCE GUANJIAN JISHU YANJIU

著　　者	吴潇雪　孙小兵　郑　炜　薄莉莉　李　斌
责任编辑	郭鹏飞
责任校对	魏　萍
封面设计	任加盟

出版发行	西安交通大学出版社
	（西安市兴庆南路 1 号　邮政编码 710048）
网　　址	http：//www.xjtupress.com
电　　话	（029）82668357 82667874（市场营销中心）
	（029）82668315（总编办）
传　　真	（029）82668280
印　　刷	西安五星印刷有限公司

开　　本	787 mm×1092 mm　1/16　印张 8.875　字数 216 千字
版次印次	2023 年 10 月第 1 版　2024 年 6 月第 1 次印刷
书　　号	ISBN 978－7－5693－3245－2
定　　价	78.00 元

如发现印装质量问题，请与本社市场营销中心联系。
订购热线：（029）82665248　（029）82667874
投稿热线：（029）82668818　QQ：457634950
读者信箱：457634950@qq.com

前　言

当前社会，在信息化和智能化建设的过程中，软件所发挥的作用越来越大，软件安全问题更加突出。尽早从软件缺陷数据中识别出安全相关缺陷（security bug report，SBR），即安全漏洞报告，对于深入认识软件安全漏洞及其发展趋势、预防安全事故，以及保证软件系统安全性都至关重要。然而，随着软件规模的迅速增加，软件缺陷数据增长速度越来越快，单纯的人工方法已无法胜任大规模软件安全漏洞报告的分析和检测。

软件安全漏洞报告分析与检测主要面临高质量数据集缺失和模型检测准确率不高等问题，本书从数据驱动的视角出发，充分利用大规模软件开源数据，通过文本挖掘、自然语言处理、主动学习、深度学习等方法，挖掘大规模软件缺陷数据中的重要信息，探索面向大规模软件缺陷数据的安全漏洞报告智能化分析与检测方法。本书的主要研究内容如下。

（1）提出基于迭代投票机制的漏洞报告检测数据集自动构建方法。针对安全漏洞分析与检测的大规模数据集缺失，同时数据集收集和标记依赖专家知识且极其耗时这一问题，提出一种基于迭代投票分类方法的自动化大规模数据标记方法。该方法借助 CVE（Common Vulnerability Exposure）中托管的权威漏洞记录来标记高质量初始训练样本，通过迭代投票策略提高检测模型的准确性。基于该方法，对 OpenStack 项目构建了包含 191 个漏洞报告和 88 472 个非漏洞报告的大规模漏洞报告检测数据集；同时，对已有 Chromium 漏洞报告数据集的标签进行纠正，识别出 64 个新的漏洞报告。

（2）提出基于深度学习模型的安全漏洞报告检测方法。已有研究大都采用传统机器学习分类算法进行安全漏洞报告检测，在准确性方面存在一定的瓶颈。安全漏洞报告在实际项目中的数量较少、特征复杂，使得人工特征提取相对困难，为此，本研究提出基于深度学习的软件安全漏洞报告检测方法，采用深度文本挖掘模型 TextCNN 和 TextRNN 构建安全漏洞报告检测模型，针对安全漏洞报告文本特征，使用 skip-grams 方式构建词嵌入矩阵，并借助 Attention 机制对 TextRNN 模型进行优化。所构建的模型在五个不同规模的安全漏洞报告数据集上展开实证研究，结果显示，所提出的深度学习模型在 80% 的实验案例中都要优于传统机器学习分类算法。除此之外，针对安全漏洞报告数据集存在的类别不均衡问题和不同深度学习模型的迭代表现进行了实证研究和分析。

（3）数据质量对漏洞报告检测模型有效性影响实证研究。在软件仓库挖掘研究中，样本标签的正确性直接影响检测模型的有效性。针对已有的五个公开的安全漏洞报告检测数据集（即 Ambari、Camel、Derby、Wicket 和 Chromium）中存在大量误标而导致安全漏洞报告检测模型性能难以提升的问题，首先提出一种基于 Codebook 和投票策略的人工专家数据审核方法，并通过该方法对已有五个公开噪声（Noise）数据集（即校正前数据集）进行审查，提高五个数据集的标签正确性，得到五个相对干净（Clean）数据集（即校正后数据集）。然后，通过对比安全漏洞报告检测模型在 Noise 数据集和 Clean 数据集上的性能表现来评估数据集标签正确性对检测模型有效性的影响。

（4）提出基于不确定性采样和交互式机器学习的安全漏洞报告检测方法。针对监督式机器学习的安全漏洞报告检测需要大量标记样本数据，而实际环境中这些数据通常很难收集这一问题，通过将主动学习中的不确定性采样（Uncertainty‐Sampling）策略和交互式机器学习（Interactive machine learning）相结合，提出并实现安全漏洞报告自动检测工具 hbrPredictor。一方面，采用不确定性采样策略从目标数据中有效选择最有益于模型性能提高的样本进行标记，大大减少了模型训练所需标记的缺陷报告数量；另一方面，通过不确定性采样方法提高所选择样本多样性，从而提高模型泛化能力。通过对来自不同开源项目的数据集进行大规模的实验评估，结果表明，hbrPredictor 有效性优于两种基准方法，并可以大幅减少所需训练样本数量进而极大地降低人工样本标记成本。

（5）提出面向低资源场景的软件架构安全缺陷报告检测方法 Hiarvul。通过融合先验知识和层次循环学习到小样本数据的架构安全类别显著区分特征以及通用性的泛化特征。首先，本章采用领域进一步预训练的 BERT 模型而后微调的迁移学习策略，弥合了通用性语义上下文信息与领域内语义上下文信息的差距，得到了语义信息更为精确的文本表征。然后提出了基于层次标签树的辅助任务学习策略，通过专家事先定义的软件架构安全缺陷类别的共性类别，构建了层次标签树，将多分类问题转换为层次多标签分类问题。

本书获得南京航空航天大学高安全系统软件开发与验证技术工业和信息化部重点实验室开放基金资助。

本书写作过程中参与的同学有扬州大学翁诗雨、胡杰、蒋永康、闻身威、左舒淇、任涛以及西北工业大学张满青，其中张满青完成了书稿的部分实验与分析，其他同学参与书稿的图表制作、文字校对与修改等工作，在此对这些同学表示感谢。

作　者
2023 年 3 月

目 录

» 第1章

绪 论

1.1　研究背景和意义

1.1.1　信息安全形势严峻

互联网的迅猛发展为人类带来极大便利的同时，也给国家和社会带来极大的安全威胁，各种网络犯罪和网络窃密等问题频繁发生[1]。例如，2017 年恶意勒索事件 WannaCry；2018 年的 Trustico、Atlanta cyberattack 和 SingHealth data breach；2019 年的 CPDoS 攻击、Lilocked（Lilu）勒索软件、Simjacker 攻击等。每一次安全攻击事件，都会涉及大规模的用户群体，并造成巨大的经济损失[2]。

2020 年 9 月，我国国家互联网应急中心（CNCERT）发布的互联网网络安全事态综述显示，我国 2020 年上半年捕获计算机攻击程序样本数量约 1815 万个，涉及程序家族约 1.1 万个，受到恶意攻击的 IP 地址约 4.208 万个[3]。国际权威漏洞报告机构 CVE（Common Vulnerabilities and Exposures）数据显示，从 1999 年（CVE 数据记录第一年）至 2019 年，20 年内总共产生 122774 条安全漏洞记录。图 1-1 显示从 2010 年到 2019 年这十年中 CVE 网站每年新增的漏洞数量，可以看出，从 2010 年开始每年至少新增 4000 条漏洞记录，特别地，从 2017 年开始数量出现猛烈增长，2017—2019 年产生数据总量为 43444 条记录，占 2010—2019 十年数据总量的 52%。

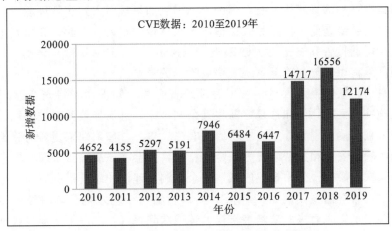

图 1-1　2010 至 2019 年 CVE 数据增长趋势

1.1.2　软件安全漏洞是信息安全事件的根源

由于互联网的大量功能和网络上的各种应用都是由软件实现的，软件在网络安全中扮演着至关重要的角色。例如，汽车车载软件规模达 1 亿行，目前 80% 以上的汽车系统创新在软件领域；大型机载软件规模超千万行，应用范围已经覆盖了飞控、航电、机电等主要机载系统，成为决定飞机安全飞行的关键因素之一[4]。研究表明，互联网面临的安全攻击（如 DoS 攻击、缓冲区溢出、SQL 注入、病毒、木马、数据篡改等）几乎都是利用软件中存在的安全漏洞而实施的[2,5]。例如，2017 年出现的大规模恶意勒索软件 WannaCry，通过读取 Windows 操作系统漏洞 MS17_010（CVE 编号）代码进行线程创建和蠕虫传播，影响全球

150 多个国家。

软件安全漏洞的存在可能会导致系统被恶意攻击者利用，从而造成信息篡改、泄漏，甚至系统瘫痪等不可预估的安全事故，对企业、社会和国家造成严重威胁。

1.1.3 隐藏漏洞报告是安全风险主要来源之一

研究表明，30％以上漏洞攻击事件由缺陷报告中的隐藏漏洞所导致[6]，即这些漏洞原本在缺陷报告中已经提交记录，但是由于未将其标记为安全相关而导致被忽略，未能在系统发布之前得以修复，进而导致系统发布后这些漏洞被恶意攻击和利用。缺陷报告（Bug report）是软件系统开发、运行、维护等过程中发现的各种问题的记录，是后续进行问题调查、重现，以及问题定位和修复的主要依据。项目开发组织通常使用诸如 Bugzilla、LaunchPad 等缺陷跟踪系统来管理从各种来源（包括开发团队、测试团队及最终用户）收集的缺陷报告。缺陷报告提交以后，一般处理过程包括任务分配、修复、验证等漫长而复杂的过程才能到最终关闭状态[7]。在实际项目中，由于项目工期和成本控制等原因，并非缺陷跟踪系统提交的所有缺陷都能够在系统发布之前得以修复[8,9]，从而导致利用隐藏漏洞实施系统安全攻击事件的发生。

在软件工程领域，对于可能导致软件安全事件（如敏感信息泄露、权限篡改、系统崩溃等）的缺陷，通常被称为安全漏洞，或者安全缺陷；相应地，描述安全漏洞的缺陷报告，则称之为安全漏洞报告，或安全缺陷报告（Security bug report，SBR）[1,8,9]。安全漏洞往往比安全无关缺陷具有更高的修复优先级，因为安全漏洞如果被引入到实际环境中，一旦被恶意攻击者利用，往往会给企业、国家和人民造成无法估量的损失。因此，在缺陷报告跟踪系统中正确标记安全漏洞报告和安全无关缺陷报告（Non - Security bug report，NSBR），对于保证安全漏洞尽早得以修复，降低系统安全风险至关重要。

在实际项目中，缺陷报告人员常常因为缺乏安全领域知识而未将安全漏洞打上相应标签，从而导致这些漏洞在评估和修复之前将其公开披露，进而导致漏洞被利用并造成巨大损失。安全漏洞未被正确识别和标记的主要原因有三：首先，如果缺陷报告者将他们在缺陷跟踪系统中报告的较小安全相关缺陷视为安全不相关，则会将该缺陷报告视为非安全相关的普通缺陷报告。其次，缺陷报告中描述的某些安全漏洞与建议的缓解措施有关，而漏洞报告者可能并不清楚这些缓解措施。例如，如果 SQL 解析器由于输入包含单引号而引发异常，则会因为没有足够安全知识而将此缺陷报告视为普通缺陷报告，之后可能通过过滤输入的单引号来修复与之相关的缺陷。但是，攻击者可以编写脚本巧妙地规避此类过滤对系统实施 SQL 注入攻击。具有足够安全知识的缺陷报告者会意识到，单引号可用于 SQL 注入攻击并将此缺陷报告标识为安全漏洞，然后将通过限制数据库服务器上的特权并使用建议的绑定变量语句来修复与之相关的缺陷[6]。再次，与一般可靠性问题相关的缺陷也可能与安全问题相关，而缺乏足够安全知识的缺陷报告者可能将此缺陷报告为普通缺陷报告。例如，如果系统被攻击者利用，则导致系统崩溃的漏洞也可能是服务中断的安全漏洞。

1.1.4 漏洞报告检测自动化面临主要挑战

随着软件系统快速演化，缺陷报告产生的速度也随之快速增长，导致缺陷跟踪系统中积累了大量待处理的缺陷报告，例如，Linux、Chromium 等大型开源系统每周都会产生数千个缺陷报告。但是，由于有限的人力资源和紧张的项目日程安排，每次项目发布之前修复所有缺陷报告是不现实的，因此，对缺陷报告进行合理分类，尤其是识别出高影响力缺陷报告，例如，安全漏洞报告，并使之尽早得以修复是保证软件系统质量的关键步骤[10]。

然而，手动检查缺陷跟踪系统中的大量（通常成千上万个）缺陷报告以识别其中隐藏的安全漏洞报告不仅需要大量的时间，还需要执行该项工作的人员具备丰富的安全领域知识，因此，其可行性较低，在实践中难以实施。例如，开源项目 Mozilla 和 Red Hat 的缺陷管理过程中，并没有检查缺陷跟踪系统中的大量缺陷报告以识别安全漏洞报告的做法；同时，其团队成员也承认其缺陷跟踪系统中记录的某些缺陷实际上应该是安全漏洞报告。因此，急需有效的方法和工具支持来降低从缺陷跟踪系统中识别安全漏洞的成本，提高安全漏洞检测可行性、准确性和效率。

综上所述，当前软件安全漏洞报告检测智能化发展主要面临两大挑战：

（1）用于漏洞报告检测模型训练的标记样本数据集较少，严重阻碍机器学习等智能化方法在漏洞报告检测问题中应用的发展。数据是机器学习，以及智能化方法应用的基础。开源软件生态的快速形成为智能化安全漏洞报告分析提供了可能性，但是，由于这些数据多源异构且质量参差不齐，加之安全漏洞报告标识对安全领域专业知识的高要求，导致能够直接使用的带标记样本数据较少，急需有效的方法进行面向安全漏洞报告检测的样本数据标记方法。

（2）基于机器学习的漏洞报告检测模型有效性并不理想，距离实际工业应用还存在较大提升空间。当前，软件安全漏洞报告检测的效果并不理想，例如，Peters 等[18] 于 2018 年发表在软件工程领域顶级期刊 TSE 上的文章中指出，在安全漏洞报告检测工作中，其模型检测 F1 - score 值仅为 0.5 左右，这样的检测有效性在实际工程项目中难以应用。

本研究从软件工程领域的开源大数据分析入手，借助开源系统积累的大量缺陷报告和安全漏洞报告数据，对缺陷报告以及漏洞报告本身的特征、数据集特征等进行分析，利用机器学习、文本挖掘，以及神经网络等方法对安全漏洞报告检测问题从数据集构建和模型设计两个维度进行探索和研究。

1.2　国内外研究现状

1.2.1　软件安全漏洞报告检测方法

使用缺陷报告中的自然语言描述信息构建安全漏洞报告检测模型是一项文本挖掘任务。研究人员尝试采用机器学习等方法进行安全缺陷报告自动检测，例如，Gegick 等[6] 最早对此课题展开研究，指出了由于缺陷提交人员缺乏安全相关知识，导致安全漏洞被误标记为普通缺陷报告的问题，并提出一种利用缺陷报告的描述信息来训练统计模型的方法，采用 Naive Bayes、k - Nearest Neighbor 等分类算法对来自 Cisco 实际工程项目的缺陷报告进行检测，以从大量缺陷报告中识别被人工遗漏的安全漏洞报告。

Wijayasekara 等[11] 针对缺陷报告中隐藏漏洞报告检测问题，提出了一种漏洞报告检测方法，在使用文本挖掘方法之前，对漏洞报告的标题和描述信息，以及类别不均衡问题进行预处理。该措施使安全工程师可以根据他们愿意接受的误报率来选择检测模型。例如，如果检测模型的 Precision 为 0.01，这意味着在 100 个检测结果为安全漏洞的缺陷报告中，仅一个是真正的安全漏洞。

Feng 等[12] 利用自然语言处理（NLP）收集和分析来自网站博客、论坛及邮件列表中的 7500 多个安全漏洞报告，并证明签名可以通过基于 NLP 的报告分析自动生成，并且可以被入侵检测或防火墙系统使用，以有效缓解当今基于 IoT 的攻击带来的威胁。

Goseva - Popstojanova 等[13] 通过三种类型的特征向量，分别使用监督式和非监督方法进行安全漏洞报告分析。对于监督学习，尝试使用多个分类器和不同大小的训练集；同时，提出一种基于异常检测的新型无监督安全漏洞报告检测方法。其实验评估基于三个 NASA 数据集，结果表明，监督分类受学习算法的影响远大于特征向量的影响，仅对 25% 的数据进行训练所提供的效果就好于对 90% 的数据进行训练所得到的效果。有监督学习要比无监督的学习检测性能更优。另外，具有更多安全漏洞报告的数据集可获得更好的检测性能。

以上方法集中于安全漏洞报告检测模型的设计与优化。数据质量对机器学习模型性能有着重要影响[14-17]，软件安全漏洞报告检测亦是如此，因此，针对面向软件安全漏洞报告检测的数据集中存在误标等情况，Peters 等[18] 设计了一种面向安全漏洞报告检测框架 Farsec，通过主动过滤训练数据的负样本（即安全无关缺陷报告）中与安全漏洞报告相似度较高的样本来提高训练数据质量。其首先采用 TF-IDF（Term Frequence - Inverse Document Frequence）从安全漏洞报告中提取安全漏洞特征词汇，得到一组特征词汇序列；其次，计算安全无关缺陷报告集中每个样本跟安全关键词表之间的相似度得分，通过得分排序，将安全无关缺陷报告 NSBR 中与安全关键词表相似度较高的样本筛除。该方法一方面可以过滤掉可能标记错误的样本，另一方面可以对非漏洞报告进行欠采样处理，从而有效减小正负样本间的数量差距。Shu 等[1] 在 Farsec 处理结果之上，提出采用超参优化方法对模型的安全漏洞报告检测性能进行优化，通过使用差分遗传算法（differential evolution）对检测模型和过采样方法 SMOTE（synthetic minority over - sampling technique）的关键参数进行优化，选择使得性能评估指标 Recall 达到最优的参数值。

Jiang 等[19] 提出一种新的面向安全漏洞报告检测的噪声数据过滤框架 LTRWES（Learning To Rank with Word Embedding for Security bug report prediction）。该方法将学习排序和词嵌入引入安全漏洞报告检测中。与 Peters 等[18] 给出的基于安全关键词的方法不同，LTRWES 是一种基于内容（Context - based）的数据过滤和表示框架。首先，LTR-WES 利用排序模型来有效过滤与 SBR 具有更高内容相似性的非安全错误报告（NSBR）。其次，它使用词嵌入技术将其余的安全无关缺陷报告 NSBR 和安全漏洞报告 SBR 一起转换为低维实值向量。

这些研究成果为安全漏洞报告检测奠定了基础，也促进了软件安全漏洞报告检测向智能化迈进。但是，由于类不平衡[10,20]、安全漏洞特征稀缺[18]、大规模高质量数据集缺乏等问题，软件安全漏洞报告智能化分析与检测的效果距离实际工程应用还存在不小的差距，例如，Peters 等[18] 提出一种用于软件安全漏洞报告检测的框架 Farsec，其实验结果显示，模型的最佳 F1 - score 仅达到 0.37。在此基础上，Shu 等[1] 将超参优化应用于基于传统机器学习的安全漏洞报告检测工作，使用遗传算法分别对模型分类器和数据分类不均衡采样方法 SMOTE 的参数进行优化。结果显示，该方法对模型性能指标 Recall 的提高具有显著效果，其最佳 Recall 值达 0.86（在 Chromium 数据集取得），但是，其误报率也高达 0.25。因此，软件安全漏洞报告检测依然面临许多挑战。

1.2.2　数据集构建与标注

大量带标记数据是机器学习、人工智能等算法能够在各个领域（如图像、语音、文本处理等）成功应用的前提条件[21-24]，软件安全漏洞报告检测也离不开大规模标记样本数据的支持。

1. 缺陷报告类别标记

2008 年，Gunawi 等[25] 对六个云服务平台构架系统（Hadoop MapReduce、HDFS、Hbase、Cassandra、ZooKeeper 和 Flume）中的缺陷报告进行了分析，从缺陷跟踪系统中，提取了 2011 至 2014 年内提交的 21399 个缺陷报告进行审阅，并从中选择 3655 个级别最高的缺陷报告进行了深入分析，从八个不同方面进行了标记，包括 Performance、Availability、Scalability、Reliability、Security、Consistency、Topology 和 QoS。

2011 年，MSR 大会共享了开源项目 Chromium 的缺陷报告数据集，其 Security 标签源自缺陷跟踪系统 Bugzilla 中原始标记。Peters 等[18] 对该数据进行了进一步处理，包括过滤其中噪声数据（例如，Description 为空）和数据格式转换，将其写入 .csv 文件中，并设置 Security 列，将原始数据中 Tag 标记为"Security"的缺陷报告标记为"1"，其余的则标记为"0"，从而形成面向安全漏洞报告分析的第一个大规模数据集。

2015 年，Ohira 等[26] 通过人工审核的方式对 Apache 系统中的 Ambari、Camel、Derby 和 Wicket 项目的部分缺陷报告进行了人工标记，为每个项目构建了包含 1000 条记录的数据集，具体缺陷报告类别标签包括 Surprise、Dormant、Blocking、Security、Performance 和 Breakage 六种，其中，Security 标签为 1 的缺陷报告表示安全漏洞报告。这些数据集的出现为后续安全漏洞报告以及其他高影响力缺陷报告的分析工作开展提供了便利条件，但是，对于最新机器学习、人工智能技术在安全缺陷报告检测上的应用，大规模、高质量带标签数据的稀缺依然是制约其发展的主要瓶颈。

2. 代码漏洞检测数据集构建

另一个与本研究中安全漏洞报告检测密切相关的是代码漏洞检测[27]，因此，代码漏洞检测数据集构建相关工作亦可为本课题研究中面向安全漏洞报告检测的数据集构建工作提供指导和借鉴。当前，已有不少学者基于大量软件开源项目展开了面向软件代码安全漏洞检测的数据集构建工作。

Li 等[28,29] 和 Zheng 等[30] 在其基于深度学习的安全缺陷检测研究中，基于 SARD（Software Assurance Reference Dataset）和 NVD（National Vulnerability Database）构建了面向代码漏洞检测的大规模数据集。首先收集面向 C/C++ 语言的开源系统（Linux - kernel、FFmpeg、ImageMagick、OpenSSL、php - src 等）漏洞代码；其次，定义了 Code gadget 概念（一个 Code gadget 是由一组在数据流和控制流语义上相关的代码语句组成），进一步采用 Checkmarx、Joern 等工具进行 Code gadget 生成，先后构建了 CWE - 119、

CWE-399 等涵盖 126 种漏洞类型的样本数据，这些数据集在之后代码漏洞检测中得到广泛应用[31-33]。

Gkortzis 等[34] 提供了一个包含 153 个开源项目 8694 个版本的安全缺陷检测数据集，包括安全缺陷代码及代码行数等属性信息，数据集所涉及的编程语言包括 C、C++、C#、Java、JavaScript、Objective-C、PHP、Python 和 Ruby。首先从 NVD 和开源代码仓库获取开源项目安全缺陷的代码及版本信息、代码度量指标。然后基于 NVD 和 CVE（Common Vulnerabilities and Exposures）记录对数据进行提炼，最后借助 reaper 和所开发的分析工具 worker 进行数据分析。

Liu 等[35] 基于五个经典开源项目（Linux-kernel、FFmpeg、ImageMagick、OpenS-SL、php-src）的安全缺陷报告（CVE、NVD）及代码仓库数据，构建了包含 3806 个 CVE 数据的安全缺陷检测数据集，并对原始安全缺陷报告中的一些标记错误（比如对 CWE 安全缺陷类型）进行了纠正。

Akram 等[36] 提出一种在不同粒度级别（包括函数级别、文件级别和组件级别）上构建漏洞检测数据集的技术，通过追踪不同来源上的 Web 链接并找到了特定的易受攻击的源代码，探索了已经发布的 CVE 的补丁文件。在组件级别的粒度，还提供了易受攻击的组件的信息。

Zhou 等[37] 则通过人工标记的方法从四个开源 C 语言项目（即 Linux Kernel、QEMU、Wireshark 和 FFmpeg）进行漏洞检测数据集构建。首先收集与安全性相关的 Commits，将其标记为漏洞修复 Commits（"1"）或非漏洞修复 Commits（"0"），然后，直接从标记的 Commits 中提取漏洞相关或漏洞无关的函数。具体数据收集分 Commits 过滤和手动标记两个步骤。最终耗时约 600 人时完成四个项目的代码漏洞检测数据集标记。

已有面向安全漏洞报告和代码漏洞检测的数据集标记工作，主要通过自动和手动相结合的方式，基于标准漏洞库 CVE、NVD 和 SARD 采用自动化方法相对可行性较高，但是对于实际工程项目数据，由于数据格式、编码语言类别不同，以及 Commits message 不完整、不准确等原因，目前还主要采用人工方式进行数据标记，急需创新性的自动化数据标记方法。开源软件仓库及其大量缺陷报告为软件安全漏洞检测数据集构建提供了极大便利，借鉴其他领域有效的数据集分析处理方法以及数据集构建策略，将有助于安全漏洞报告检测数据集的成功构建与标注。

1.2.3 基于神经网络的自然语言处理

软件缺陷报告其关键信息"Description"主要采用自然语言形式进行描述，因此，传统机器学习算法在缺陷报告分析中得到广泛应用，如 Naive Bayes、k-Nearest Neighbor、Random Forest、Support Vector Machine 等[38]。但是，近年来神经网络技术在自然语言处理中的快速发展和成功应用[39-41]，为软件缺陷报告分析也带来新的机遇。

基于神经网络的经典自然语言处理模型包括 TextCNN（convolutional neural networks for sentence classification）、TextRNN（recurrent neural network for text classification）、TextRCNN（recurrent convolutional neural networks for text classification）、HAN（hierarchical attention networks for document classifification）等。自然语言处理中的关键是命名

实体、事件和关系抽取。Zheng 等[42] 使用一个简单的 CNN 来对句子中元素之间的许多关系进行分类，仅使用两层网络，窗口大小为三，并且词嵌入只有五十个维度，它们比之前的方法都能获得更好的结果。Zheng 等[43] 使用双向 LSTM 和 CNN 进行关系分类和实体识别；Sun 等[44] 使用具有复制机制的基于注意力的 GRU 模型。该网络在使用称为覆盖机制的数据结构方面是新颖的[45]，它有助于确保所有重要信息均被提取了正确的次数。

安全漏洞报告检测属于经典分类问题。Kim[46] 第一个在 CNN 中使用预训练词向量进行句子级分类，表明简单的 CNN（具有一个卷积层，并具有 dropout 和 softmax 输出的密集层）可以在很少使用超参数调整的情况下在多个基准上获得出色的结果；所给出的 CNN 模型能够改进 7 种不同的句子分类任务中的 4 种的最新技术水平，包括情绪分析和问题分类。Conneau 等[47] 后来证明，使用大量卷积层的网络可以很好地用于文档分类。Jiang[48] 使用了混合架构，结合了深度置信网络和 softmax regression，多次使用正向和反向传播进行数据处理，直到找到基于工程数据的最小损失为止。此过程独立于任务的标记或分类部分，因此最初经过训练后没有 softmax 回归输出层。一旦对体系结构的两个部分进行了预训练，就可以像常规的深层神经网络一样使用反向传播和拟牛顿方法对它们进行组合和训练。

Adhikari 等[49] 使用 BERT[50] 在四个文档数据集上获得了最新的分类结果。虽然深度学习在自然语言处理的许多领域（包括文本分类）中表现非常有前景，但它并非万能的，仍然存在许多挑战。Worsham 和 Kalita[51] 发现，对于按文本长度进行分类的任务而言，梯度增强树优于神经网络，包括 CNN 和 LSTM（Long Short - Term Memory）[52]。Attention 机制是各种任务中的序列建模和转换模型不可或缺的一部分，允许对依赖项进行建模而无需考虑它们之间的距离。但是，在多数情况下，此类注意力机制都与循环网络结合使用，Vaswani 等[53] 提出了一种 Transformer，它是一种避免重复发生的模型体系结构，完全依赖于 Attention 机制来绘制 Input 和 Output 之间的全局依存关系。

基于神经网络的自然语言处理方法和成功的应用案例，为本研究中基于神经网络的安全漏洞报告检测提供了良好的基础和借鉴。本研究将在已有工作基础上，对基于 TextCNN、TextRNN 等经典神经网络模型的安全漏洞报告检测方法进行探究。

1.3　基础理论

文本向量化表示方法。随着自然语言处理领域的研究越来越多地应用了机器学习和深度学习工具，文本的向量化表示就成为一个非常重要的问题，因为良好的文本向量可以更好地在向量空间中给出一个文本空间内的映射，从而使得文本可计算，就可以使用算法模型进行训练和预测。在自然语言处理中，文本向量化是一个重要环节，其产出的向量质量直接影响了后续模型的表现，本节就将介绍近些年出现的一些常用的文本向量生成方法，并对一些常见的文本向量生成方法进行对比。

词袋模型，也被称为词袋表示法（Bag of Words，BOW），是自然语言处理中在文本建模时常用的文本向量化方法。最早出现在信息检索和自然语言处理领域，词袋模型会忽略文本的语法和单词的顺序等要素，仅仅将文本看作是若干个词汇的集合，文本中的每一个单词都是互不相关，独立存在的，文本中任意一个单词不论出现在哪个位置，都不会受其他因素的影响。词袋模型使用一组无序的单词来表示一段文字或一份文档，然后将这样一组无序的单词进行特征项矩阵建模，一个文档的单词矩阵是记录出现在该文档中的所有单词的频次矩阵，因此，一份文档能够被描述成各种单词权重的组合体。实现方法可以采用基于 Python 的 Scikit－learn 机器学习框架中的 CountVectorizer 方法对文本进行词袋化处理。

自然语言处理领域还有一种常见的文本向量化方法，即词频与逆文本频率（Term Frequency－Inverse Document Frequency，TF－IDF），该方法是一种用于信息检索与数据挖掘的常用加权技术，TF－IDF 考虑了文档词汇中的逆文本频率的映射方式，用于表示一个单词对于一个语料库中的一个文档的重要程度，单词的重要程度与它所在文档中的频次成正比，同时与它所出现在语料库中的频率成反比，常用来对词袋模型进行进一步处理。TF－IDF 首先对词频进行了归一化，即使用词出现的频率而非次数代表词频，如式（1－1）所示

$$tf_{ij} = \frac{n_{ij}}{\sum_{k} n_{k, j}} \qquad (1-1)$$

1.4　研究工作概述

将安全漏洞报告（SBR）定义为正样本，则安全无关缺陷报告（NSBR）就定义为负样本，从缺陷跟踪系统中的大量缺陷报告中识别出安全漏洞报告这一问题则可以被形式化描述为二分类问题。基于机器学习的软件安全漏洞报告检测其基本流程可描述为如图 1－2 所示。首先，从缺陷跟踪系统（如开源系统 JIRA、LaunchPad、Bugzilla 等）中进行大规模缺陷报告收集，得到大量缺陷报告数据；其次，采用机器学习方法对缺陷报告数据进行分析处理（包括数据预处理、样本标签标记、安全漏洞报告检测模型构建、优化等）；最后，对目标项目缺陷报告数据进行预测，得到预测结果（SBR 或 NSBR）。

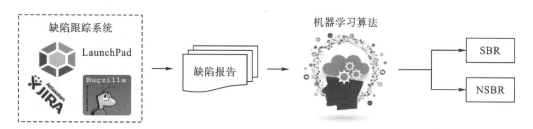

图 1－2　安全漏洞报告检测基本流程

本课题采用递进式研究方法，首先从当前软件安全漏洞报告检测面临的一大挑战（面向安全漏洞报告检测的数据集较少）入手，对安全漏洞报告检测数据集自动构建方法进行研究；以此为基础，分析总结导致安全漏洞报告检测智能化存在的关键问题，作为下一章节研究内容。以此类推，对基于深度学习的安全漏洞报告检测方法、数据质量对安全漏洞报告检测模型有效性影响，以及基于交互式机器学习的安全漏洞报告检测方法进行深入分析和实证研究。各章节具体研究内容之间的逻辑关系如图 1－3 所示。

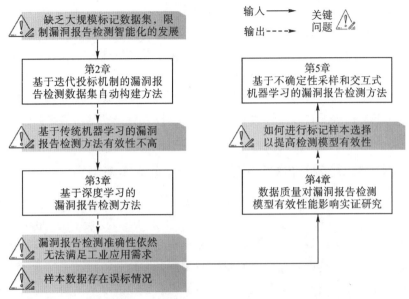

图 1-3 各章节研究内容递进式关系

为便于该领域的后续研究,本书的研究过程所形成的面向安全漏洞报告检测的基准数据集和方法均已在 Github 网站公开。

1.4.1 基于迭代投票机制的漏洞报告检测数据集自动构建方法

结合 CVE 和实际项目缺陷报告数据,分析软件安全漏洞报告特征属性,利用 CVE 数据及其对应开源项目的缺陷报告详细信息,设计一种面向漏洞报告检测的大规模数据集自动构建模型。该模型采用迭代式分类投票算法来提高样本自动标记的准确性,首先,在两个现有安全漏洞报告检测数据集(Derby 和 Chromium)上,对所设计迭代投票模型和单一分类算法的标记结果准确性进行对比,评估该方法的有效性;其次,使用迭代投票分类算法对大规模目标缺陷报告数据集(OpenStack 和 Chromium)进行自动标记;最后,通过人工专家审查和投票的方式验证模型自动标记结果的准确性。

基于该方法,通过析取开源项目 OpenStack 的大量缺陷报告数据,我们构建了用于安全漏洞报告分析检测的数据集初始版本,该数据集包含 8 万多条缺陷报告记录;此外,针对现有安全漏洞报告检测数据集 Chromium 中存在许多误标的情况,采用书中所提出的迭代投票分类算法进一步从原始标记为安全无关缺陷(NSBR)的记录中识别出 64 条被误标的安全漏洞报告(SBR),提高了 Chromium 数据集标签的准确性。

1.4.2 基于深度学习的漏洞报告检测方法

针对实际项目中缺陷报告描述主要采用自然语言方式,且安全漏洞报告数量较少,特征提取困难等问题,我们首次提出将深度学习方法应用于安全漏洞报告检测中,采用深度文本挖掘模型 TextCNN、TextRNN,以及 Attention 机制构建安全漏洞报告检测模型。针对缺陷报告文本特征,对 TextCNN 和 TextRNN 模型进行了针对性设计,例如,在 TextCNN 中设置了多个卷积核、使用基于 BiLSTM(Bi-Long Short-Term Memory)的 TextRNN 网络、门设计(即输入门、输出门和遗忘门)等。此外,使用 skip-grams 方式构建词嵌入矩阵，并借助 Attention 机制对 TextRNN 模型进行优化。

在五个不同规模的安全漏洞报告检测数据集上对所构建的深度学习模型有效性展开了具体实验和分析。实验结果显示，与基准方法（经典传统分类算法）相比，书中所设计的深度学习模型在 80% 的情况下都具有显著优势，其性能衡量指标 F1 - score 平均可提高 0.26，在最好的情况下甚至可以提升 0.54。除此之外，对不同词嵌入方法对模型有效性的影响、不同深度学习模型迭代表现，以及训练样本不同比例设置对深度学习模型检测有效性的影响进行了具体实验验证和分析。

1.4.3 数据质量对漏洞报告检测模型有效性影响实证研究

在软件仓库挖掘研究中，样本标签的正确性大大影响模型的性能。针对已有的五个公开的安全漏洞报告检测数据集（Ambari、Camel、Derby、Wicket 和 Chromiun）中存在大量误标而导致最新研究提出的安全漏洞报告检测模型性能表现较差的问题，对样本数据标签正确性对安全漏洞报告检测模型有效性的影响展开实证研究和分析。首先，通过人工专家分析的方法逐条审查五个公开数据集中每条记录标签的正确性，最终从之前标记的安全无关缺陷报告（NSBR）中总共发现了 749 条安全漏洞报告（SBR），得到五个较高质量的数据集。

本书选择最近的两个安全漏洞报告检测工作中给出的方法作为基准方法，通过分别在矫正前后的两个版本数据集上对基准方法进行应用，结果表明基准方法在校正之后的数据集上的性能表现显著优于在校正之前数据集版本上的性能表现。此外，将五个简单文本分类方法分别在校正前后的数据集版本上进行应用，结果显示简单文本分类方法在校正后版本的性能表现远远优于在校正之前的数据集版本的表现。并且，采用校正之后的数据版本，简单文本分类方法的性能表现也优于基准方法。因此，样本质量对模型有效性有着显著影响，样本标签正确性的提高可显著改善模型的检测性能。

1.4.4 基于不确定性采样和交互式机器学习的漏洞报告检测方法

监督式机器学习需要大量标记样本数据，而在实际项目中，样本收集和标记是一件非常具有挑战性的工作。针对该问题，我们提出将交互式机器学习和主动学习相结合，通过主动学习中的不确定性采样（Uncertainty - Sampling）方法从大量未标记缺陷报告中识别最需要标记的样本数据进行人工标记。并且，设计了一种动态阈值停止准则来控制交互迭代停止时机，该停止准则同时考虑用户期望模型性能和检测模型的实际能力，能够在模型的迭代交互过程中有效探索出模型的最佳性能。该方法一方面大大减少了模型训练所需的标记样本数量，节约了大量样本标记时间；另一方面，通过不确定性采样方法可以提高训练样本的多样性，从而保证了检测模型的泛化能力。

采用来自不同开源项目（Ambari、Camel、Derby、Wicket、Chromium 和 OpenStack）的六个不同规模数据集对书中所提出的方法进行大规模实验评估验证，结果表明，该方法的检测准确性优于两种最新提出的基准方法；并且，该方法所需要的训练样本数量远小于基准方法所使用的训练样本数量，数据规模越大，节约的训练样本数量越多，最低仅需候选训练样本总数的 12%。

1.5 本书组织结构

本书共分为 6 章，具体如下：

第 1 章 绪论。介绍软件安全漏洞智能分析与检测关键技术研究的背景和意义，然后对近年来软件安全漏洞报告分析与面向机器学习的数据标注方法和关键技术进行分析和总结。最后，简要概括本书的主要研究内容和贡献。

第 2 章 基于迭代投票机制的漏洞报告检测数据集自动构建方法。借助 CVE 漏洞数据进行初始样本标记，基于机器学习分类算法和迭代投票机制，提出面向安全漏洞报告自动检测的大规模数据集标记算法。

第 3 章 基于深度学习的漏洞报告检测方法。分析已有基于传统机器学习分类算法的安全漏洞报告检测存在的不足，提出基于深度学习模型的软件安全漏洞报告检测方法。根据漏洞报告及缺陷报告文本信息特征，基于经典文本分类神经网络模型 TextCNN、TextRNN 以及 Attention 机制构建面向软件安全漏洞报告检测的深度学习模型。

第 4 章 数据质量对漏洞报告检测模型有效性影响实证研究。首次探讨样本标记正确性对安全漏洞报告检测模型性能的影响。采用人工审查的方式对 5 个开源的安全漏洞报告检测数据集的标签进行审核和校正，用基于最新两个研究工作给出的安全漏洞报告检测模型对校正前后数据集对模型性能的影响进行分析讨论。

第 5 章 基于不确定性采用和交互式机器学习的漏洞报告检测方法。讨论训练样本数量和质量对模型性能的影响，提出基于主动学习方法和交互式机器学习相结合的安全漏洞报告检测方法，通过主动学习中的不确定性采样策略进行待标记样本选择，并通过动态阈值方法探索交互迭代过程的最佳停止时机。

第 6 章 基于层次先验知识循环特征学习的架构漏洞报告检测。阐述识别更严重的架构安全缺陷报告的重要性，将自动安全缺陷报告分类引入软件工程实践，提出通过结合文本和层次结构，将文档逐级分类为最相关的类别的 Hiarvul 模型。

第 7 章 总结与展望。阐述本书主要工作和贡献，并对本工作的后续研究进行一定展望。

>> 第 2 章

基于迭代投票机制的漏洞报告检测数据集自动构建方法

2.1　引　言

根据已有研究，现有公开可用的安全漏洞报告检测数据集只有源于 Apache 系统的四个（即 Ambari、Camel、Derby 和 Wicket）和源于浏览器 Chrome 的数据集 Chromium。这些数据集无论数据规模还是质量，都存在很大局限性。例如，源于 Apache 的四个数据集，每个数据集仅包含 1000 条缺陷报告记录；Chromium 数据集虽然包含的数据量较大（41 940 条缺陷报告数据），但其存在一些明显的误标记录——这些局限性极大地限制了智能化安全漏洞报告检测的研究和发展。

数据集标记是一项枯燥乏味且极其耗时的工作，如何获得正确的标签以构建大规模数据集是一项艰巨的任务[26,37]。为促进各种自动化、智能化方法在安全漏洞报告检测中的应用，本章针对面向漏洞报告检测数据集较少这一问题，提出一种基于迭代式投票分类算法的大规模安全漏洞报告检测数据集自动标记方法。

2.2　安全漏洞报告 SBR 与 CVE 关联关系

许多开源项目（例如 OpenStack、Chromium 和 Apache 项目）使用开源缺陷跟踪系统（例如 JIRA、LaunchPad、Bugzilla）进行缺陷管理。CVE 是国际权威漏洞数据库，该网站记录全球知名或开源 IT 产品中发现的漏洞，CVE 网站上托管了超过 10 万个真实的行业漏洞数据，并且这些漏洞中的大多数都是从开源项目中收集得到的，这为获得可靠的漏洞报告数据及其详细信息提供了极大便利。

为了与 CVE 数据区分，我们将缺陷跟踪系统中托管的缺陷报告称为源缺陷报告。源缺陷报告提供缺陷的详细信息，特别是源缺陷报告的字段"Description"（描述信息）通常提供缺陷的输入、输出，以及重现步骤、异常日志等信息，其丰富的文本内容是缺陷报告分析的关键信息，也是当前关于缺陷报告分析相关研究中最常用的信息。对于开源项目，CVE-Detai 网站提供了与源缺陷报告的关联关系，这为安全漏洞报告分析提供了极大便利，也使本章进行自动化数据集标记方法设计成为可能。

软件安全漏洞的特征属性维度较多，从早期信息安全定义的角度，软件安全漏洞主要涉及机密性（Confidentiality）、完整性（Integrity）和可用性（Availability）三个方面。国际权威漏洞组织 CVE 对漏洞赋予更多维度的属性特征，图 2-1 展示了项目 OpenStack 中 CVE 记录示例的详细页面（CVE 编号为 CVE-2015-3289）。可以看出，该页面首先对此漏洞进行了简要的文字描述，并提供了 CVSS（Common Vulnerability Scoring System）得分、漏洞访问的复杂度（Access complexity）分数、漏洞类型、漏洞关键属性（如 Confidentiality、Integrity、Availability）信息、受影响的产品、产品版本号，以及和该 CVE 记录相关的参考信息。其中 CVSS 得分越高，表明该漏洞的危害性越强；而漏洞访问的复杂度越低，则表明该漏洞越容易被利用。CWE ID 为该漏洞在 CWE 类别划分中所属的漏洞类型编号。但是，这些信息远远不足以分析软件漏洞，例如，如何重现该问题？漏洞发生的根本原因是什么？幸运的是，对于开源项目，CVEDetail 页面底部的 Reference（参考信息）中列出了该漏洞所对应的源缺陷报告链接地址，通过该地址可以进入该漏洞所对应的原始缺陷报告单,如图 2 - 2 所示。

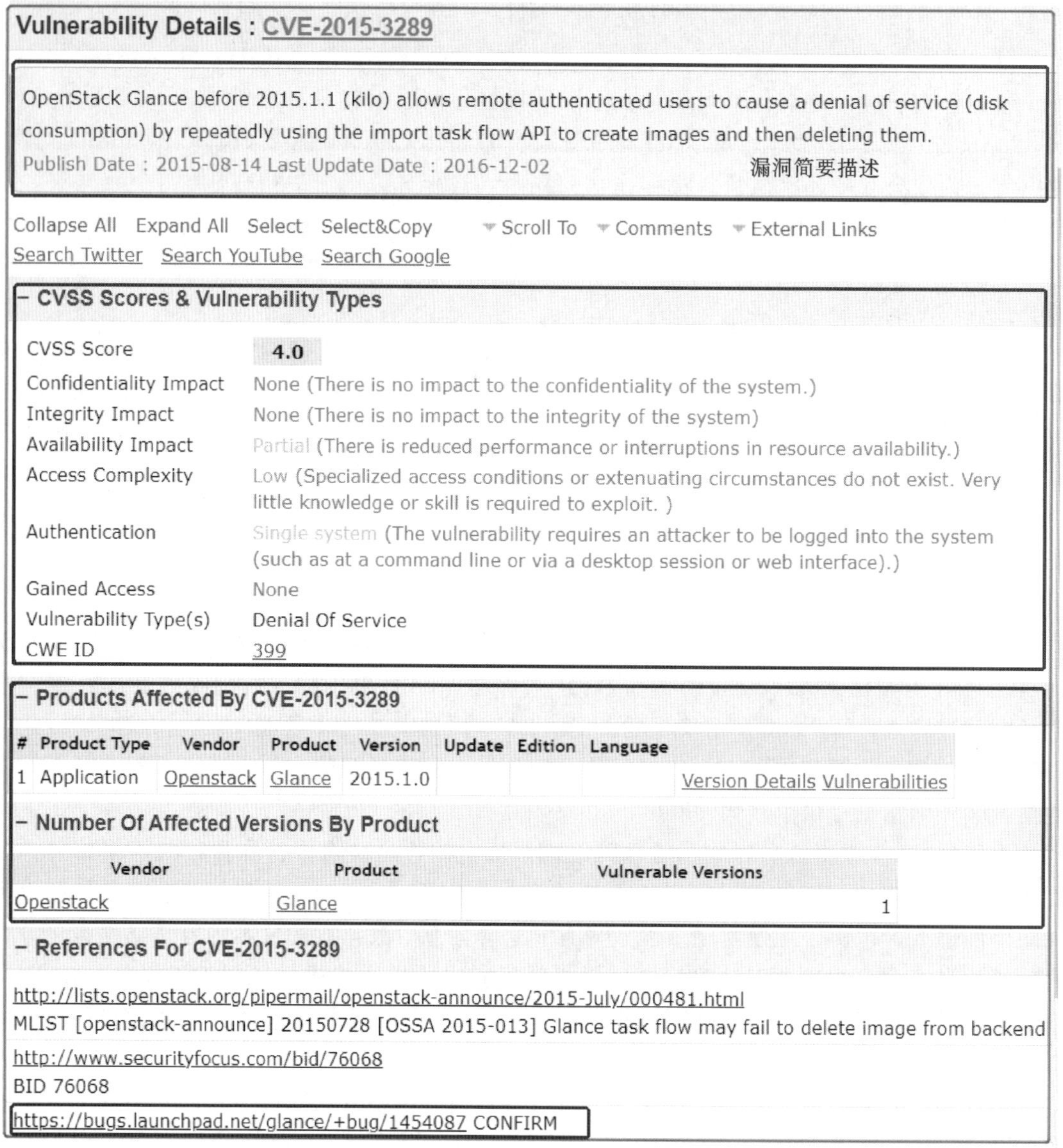

Vulnerability Details : CVE-2015-3289

OpenStack Glance before 2015.1.1 (kilo) allows remote authenticated users to cause a denial of service (disk consumption) by repeatedly using the import task flow API to create images and then deleting them.
Publish Date : 2015-08-14 Last Update Date : 2016-12-02　　　　漏洞简要描述

Collapse All　Expand All　Select　Select&Copy　▼ Scroll To　▼ Comments　▼ External Links
Search Twitter　Search YouTube　Search Google

- CVSS Scores & Vulnerability Types

CVSS Score	**4.0**
Confidentiality Impact	None (There is no impact to the confidentiality of the system.)
Integrity Impact	None (There is no impact to the integrity of the system)
Availability Impact	Partial (There is reduced performance or interruptions in resource availability.)
Access Complexity	Low (Specialized access conditions or extenuating circumstances do not exist. Very little knowledge or skill is required to exploit.)
Authentication	Single system (The vulnerability requires an attacker to be logged into the system (such as at a command line or via a desktop session or web interface).)
Gained Access	None
Vulnerability Type(s)	Denial Of Service
CWE ID	399

- Products Affected By CVE-2015-3289

#	Product Type	Vendor	Product	Version	Update	Edition	Language	
1	Application	Openstack	Glance	2015.1.0				Version Details Vulnerabilities

- Number Of Affected Versions By Product

Vendor	Product	Vulnerable Versions
Openstack	Glance	1

- References For CVE-2015-3289

http://lists.openstack.org/pipermail/openstack-announce/2015-July/000481.html
MLIST [openstack-announce] 20150728 [OSSA 2015-013] Glance task flow may fail to delete image from backend
http://www.securityfocus.com/bid/76068
BID 76068
https://bugs.launchpad.net/glance/+bug/1454087 CONFIRM

图 2 - 1　CVE Detail 页面示例

图 2 - 2 中的"标题"和 Bug Description(缺陷描述)字段以文本的方式提供该缺陷的详细信息,例如,引起缺陷的原因、缺陷导致的结果、缺陷发生时的现象、缺陷重现步骤、预期结果,以及实际结果等信息,这些信息是项目团队人员进行缺陷分析、重现、定位,以及修复所依赖的关键信息[54,55],也是学术研究中用于安全漏洞报告分析与检测的主要信息。

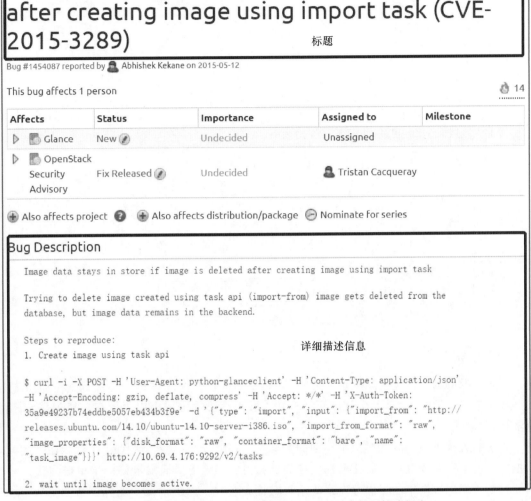

图 2-2　CVE-2015-3289（见图 2-1）所对应的源缺陷报告

2.3　方法框架

本章提出的迭代投票分类算法框架如图 2-3 所示，主要包括三个阶段：数据准备阶段，迭代投票分类阶段，以及人工审核和分析阶段。其中，第二阶段是自动过程，也是该方法的核心算法；第一阶段准备的初始样本质量对于第二阶段分类结果的准确性有着重要影响。第三阶段是对自动样本标记结果的进一步审核和验证，进一步保证样本标记结果的正确性。以下对这三个步骤的具体操作进行进一步阐述。

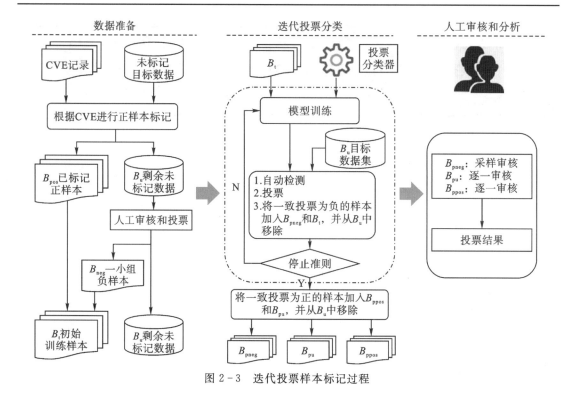

图 2-3 迭代投票样本标记过程

2.3.1 数据准备

第一阶段的输入为项目相关的 CVE 记录以及该项目所有未标记的缺陷报告，输出为初始标记样本（包括基于 CVE 标记的正样本和人工审核挑选的一小组负样本）和剩余未标记缺陷报告。

方法的关键思想是基于一小组标记的数据集和几个分类模型，迭代地标记大规模未知缺陷报告。由于初始数据集中的任何标签错误都会由于误差传播而在最终结果中得到放大[54]。因此，初始标记数据集的正确性对最终结果有很大影响。为了确保初始标记数据集 B_1 的标记的正确性，我们采用了不同的策略来标记正样本（即 SBR）和负样本（即 NSBR）。根据 CVE 条目对正样本进行标记：如果源缺陷报告的记录与任何 CVE 条目相关（即链接到 CVE 条目），则将此记录选择为正样本（即 SBR）。实际上，在源缺陷报告的存储库中，如果源缺陷报告与 CVE 条目相关，则 CVE 标识符将包含在"漏洞"（见图 2-2）或漏洞的"参考"中。因此，可以使用自动化方法（例如，关键词映射）来识别与 CVE 相关的源缺陷报告，以加快初始数据标记过程。所标识的与 CVE 相关的源缺陷报告被标记为初始标记数据集的正样本，并标记为 B_1。同时，通过"卡片分类法"[55,56] 选择一小部分（例如，50条记录）具有较高的可信度负样本（NSBR）。

> **卡片分类法**：对于需要检查的记录，我们为每个记录创建一张卡片，并将每个记录分类为 SBR 或 NSBR。每个记录至少由三个成员独立分类。

需要人工审核的样本由三名经验丰富的安全测试成员分别进行审核，通过计算标记结果的 Fleiss Kappa 值来衡量三个成员标注结果的一致性。标注结果一致性级别和相应的 Kappa

值范围如表 2-1 所示。然后将准备好的正样本集 B_{pos} 和负样本集 B_{neg} 组合在一起形成初始标记样本，记为 B_1，该数据集将作为第二阶段的输入数据。

表 2-1　一致性级别与 Kappa 值映射关系[58]

级别	条件取值
Poor	$K_p < 0$
Slight	$0.01 \leqslant K_p \leqslant 0.20$
Fair	$0.20 < K_p \leqslant 0.40$
Moderate	$0.40 < K_p \leqslant 0.60$
Substantial	$0.60 < K_p \leqslant 0.80$
Almost perfect	$0.80 < K_p \leqslant 1$

2.3.2　迭代投票算法

本章提出的迭代投票分类算法，其核心思想是结合不同的机器学习分类器，并使用投票策略作出最终决定。当前广泛应用的两种投票分类策略为硬投票（hard voting）和软投票（software voting），硬投票即少数服从多数，而软投票指根据平均检测概率决定最终结果。为了最大化检测结果的正确性，本章设计的投票方法并未直接采用这两种常用的投票策略，而是仅对所有投票分类器给出一致结果（即 SBR 或 NSBR）时才作为样本最终分类标签。此外，通过迭代将所有分类器一致检测为安全无关缺陷报告（NSBR）的样本加入训练集中来逐渐减少未标记数据的数量，并使用新的训练样本集重新训练模型以检测剩余的未标记目标数据。在迭代过程中，所有分类器一致投票为正样本（SBR）的结果会被忽略，因为初始训练集 B_1 中正样本的比例远高于实际项目中正样本所占的比例，例如，对于 Peters 等[18] 使用的五个安全漏洞报告检测数据集，正样本 SBR 所占的比例仅为 $0.5\% \sim 9.0\%$，因此，此时检测结果安全漏洞报告（SBR）可能存在许多误报的情况。

1. 算法描述

算法 2-1 描述了本章提出的迭代投票分类算法的具体过程。

算法 2-1. 迭代投票分类算法

输入：初始训练样本 B_1；分类器 clf_1，clf_2，clf_3；未标记目标数据集 B_u.

输出：对 B_u 的预测结果：B_{ppos}，B_{pneg}，B_{pu}.

1　**begin**

2　　Initialize B_{ppos}，B_{pneg}，B_{pu} to null；

3　　**while**！isMatchStopCriteria **do**

4　　　　fit classifiers clf_1，clf_2，clf_3 with B_1；

5　　　　predict B_u with each of clf_1，clf_2，clf_3；

6　　　　**foreach** $b \in B_u$ **do**

7　　　　　　**if** $clf_1(b) == 0$ and $clf_2(b) == 0$ and $cfl_3(b) == 0$ **then**

```
8          B₁ ← B₁ ⋃ b;
9          B_pneg ← B_pneg ⋃ b;
10         B_u ← B_u \ b;
11       end
12     end
13   end
14   foreach b ∈ B_u do
15     if clf₁(b) == 1 and clf₂(b) == 1 and cfl₃(b) == 1 then
16       B_ppos ← B_ppos ⋃ b;
17     end
18     else
19       B_pu ← B_pu ⋃ b;
20     end
21   end
22   return B_ppos, B_pneg, B_pu.
23 end
```

该算法的输入为初始标记样本集 B_1，投票分类器 clf_1、clf_2、clf_3 和未标记目标数据集 B_u。需要注意的是，最初的训练样本（标记数据集 B_1）的质量对于模型的检测准确性至关重要。算法的输出是对目标集 B_u 的预测结果——根据投票结果将其分为三组 B_{ppos}、B_{pneg}、B_{pu}，分别表示最终预测为正（SBR）的样本集合、最终预测为负（NSBR）的样本集合，以及最终结果依然无法确定的样本集合。

算法具体过程：首先，使用初始训练集 B_1（第 4 行）分别对三个分类器 clf_1、clf_2 和 clf_3 进行训练；然后，使用已训练的三个分类器分别对目标数据集 B_u 进行预测（第 5 行），得到各自预测结果；此时，对分类器 clf_1、clf_2 和 clf_3 对 B_u 中每一条缺陷报告 b 的预测结果进行对比，如果三个分类器的预测结果同时为"0"（负样本 NSBR），则将该记录添加到初始训练集 B_1 和最终负样本集 B_{pneg}（第 8 和 9 行）中，并从目标数据集 B_u 中删除（第 10 行），以此往复，直到 B_u 中所有数据判断完毕，则以新的训练集 B_1 和目标数据集 B_u 进入下一轮迭代，该迭代过程一直持续到满足任意一个终止条件为止。

一旦迭代过程停止，将根据最后一次迭代中三个分类器对 B_u 中剩余数据的预测结果对其进行归类。由于三个分类器预测结果一致为负（"0"，NSBR）的样本都已在迭代过程中被加入训练样本 B_1 和预测结果为负的样本集合 B_{pneg} 中，因此，迭代终止时 B_u 中剩余的样本将依照以下规则划分为两个部分：

（1）三个分类器的预测结果一致为正的数据将被添加到集合 B_{ppos} 中（行 15、16），表明三个分类器最后一次迭代中对这些记录的预测结果一致正样本 SBR；

（2）其余的数据被添加到集合 B_{pu}（第 19 行）中，表明三个分类器无法对这些记录得到一致的预测结果。

至此，输入目标数据 B_u 中的全部样本根据三个分类器的分类结果被添加到三个不同预测结果 B_{ppos}、B_{pneg} 和 B_{pu} 中，作为算法最终结果输出。

2. 迭代停止准则

算法 2 - 1 的迭代过程是通过投票策略识别负样本。迭代的直观停止标准是在当前迭代中始终没有缺陷报告被三个分类器一致预测为负样本（NSBR），只要在当前迭代中有一个样本被三个分类器统一投票为负样本，迭代过程就会继续进行。换言之，当且仅当迭代过程无法再通过识别负样本来减少目标数据集时，迭代过程才会停止。该停止标准对于最大程度减少未标记样本的数量非常有效，因此将其设置为默认停止标准。此停止准则更适合于已累积许多 CVE 记录（或标记为 SBR）的成熟项目。但是，对于只有少量正样本标记的项目，此停止条件可能会导致潜在的正样本（SBR）被遗漏。为了应对这个问题，我们在算法中设置了另一个强制停止条件，即当剩余的未标记样本数（即 B_u 的数目）小于给定阈值时，迭代过程终止，两个停止标准可总结如下。

> **停止准则Ⅰ：**
> 新的迭代中，根据投票结果不存在三个分类器一致检测为 NSBR 的样本。
> **停止准则Ⅱ：**
> 剩余未标记缺陷报告数量达到了最低阈值。

3. 文本挖掘技术

文本挖掘是用于缺陷报告分析的最常用技术。因此，我们使用文本挖掘方法来分析用于安全漏洞报告分类的关键字段"Description"（描述）。特征提取和降维是文本挖掘的两个基本步骤。

特征提取（Feature extraction）用于从文本信息（列"Description"）中提取每个缺陷报告的特征向量。在本章研究中，我们使用 scikit - learn 提供的"CountVectorizer"从缺陷报告的"Description"文本中提取特性属性。它将缺陷报告"Description"的文本信息转换为令牌（Token）计数矩阵，并生成其稀疏表示。去停顿词（Stop words）是特征向量处理的一个必要环节。停顿词（例如，"at""the""and"）在文本的表达中并无实际意义，但其出现频率很高，从而会影响模型对特征的理解。因此，为避免停顿词对分类结果造成误导，自然语言处理中都会进行去除停顿词的操作。

降维（Dimensionality reduction）的目的是删除方差较小的特征向量，以提高模型预测结果的准确性，或提高其在超高维数据集上的检测性能。假设给定一个数据矩阵 A，其列被分组为 p 个簇。给定一个 Term - Document 矩阵，通过该变换可以将 m 维空间中的每个文档向量映射到 l 维空间中某个 $l < m$ 的向量。为此，要么明确计算降维变换 $G^T \in R^{l \times m}$，要么将该问题表述为降阶近似，其中将给定矩阵 A 分解为两个矩阵 B 和 Y，即

$$A \approx BY \tag{2-1}$$

式中，$B \in R^{m \times l}$，rank $(B) = l$，$Y \in R^{l \times n}$，rank $(Y) = l$。

本章研究中，结合 Scikit - learn 中的 SelectFromModel 和 LinearSVC 来评估特征重要性并选择最相关的特征进行安全漏洞报告识别。SelectFromModel 根据重要性权重进行特征选择，它是一种元转换器，可以与具有 coef 或 feature_importances 属性（表示分配给特征

的权重）的任何估计量一起使用。如果相应的 coef 或 feature_importances 值低于提供的阈值，则将这些特征视为不重要并将其删除。除了通过数字指定阈值之外，还有一些内置的启发式方法，可使用字符串参数查找阈值。可用的试探法是"平均值""中位数"和诸如"0.1×mean"之类的浮点数的倍数。LinearSVC 是根据 liblinear[57] 实施的，它在惩罚分数和损失函数的选择上比 libsvm 等其他方法更灵活[58]。Scikit-learn 软件包中的 linearSVC 的参数惩罚指定了惩罚中使用的范式以避免过度拟合，其默认值为 L2 正则化。正则化是机器学习中防止过度拟合的一项非常重要的技术，它添加了正则项可以避免过拟合问题。L1 和 L2 是两个经典的正则化函数，L1 正则化添加等于系数幅度的绝对值的 L1 惩罚分数，而 L2 正则化添加等于系数幅度的平方的惩罚分数。在本章中使用 L1，因为当处理许多不相关的特征时，具有 L1 正则化的 linearSVC 优于具有 L2 正则化的 linearSVC。

2.3.3　人工验证

此阶段的目标是验证我们方法的预测结果。类似于标记初始负样本，我们还使用 Card Sorting（卡片分类）策略来保证人工数据审核结果的准确性，即每条数据由三名数据审核人员独立进行审核标记，对于三人标记结果一致的，则作为最终结果；三人标记结果不一致的数据，则采用面对面讨论的方式获得最终大家一致认可的标记结果。考虑到最终数据集包含样本数量和人工审核成本，权衡期间，我们采用不同的解决方案来选择进行人工审核样本，具体为对于所有正样本（B_{ppos}）和不确定样本（B_{pu}），使用"逐一审核"的策略；对于预测结果为负（B_{pneg}）的样本集，使用"抽样检查"的方案。我们采用此方案的原因有三：①正样本对于最终数据集质量非常关键。预测结果中正样本数量较少，而且每条正样本记录的正确性对最终数据集的质量都非常重要；②正样本集和不确定样本集的数量不大，全部进行人工审核是可行的；③负样本数量较大。负样本占预测结果的大部分，全部审核成本较高，因此，"抽样审查"是一种可行的解决方案。

为了从分类结果中获得具有代表性的负样本作为人工检查的一组记录，我们使用了公开可用的样本采样工具 CL 和 CI 来确定需要检查多少负样本。置信水平和误差幅度是采样的两个关键术语，可以通过以下方式计算出样本量：

$$\text{samplesize} = \frac{\dfrac{z^2 \times p(1-p)}{e^2}}{1 + \left(\dfrac{z^2 \times p(1-p)}{e^2 N}\right)} \tag{2-2}$$

式中，N 是种群规模，即实验中预测的负样本数；e 是误差幅度；z 为 z-score，是给定比例偏离平均值的标准偏差数，如表 2-2 所示，z-score 的值与所需的置信度之间存在映射关系。根据置信度选择 z-score 值并计算确定样本量后，从预测结果为负样本的集合 B_{pneg} 中随机选择相应数量的样本。

表 2-2　z-score 和置信度匹配关系

置信度	z-score
80%	1.28
85%	1.44

续表

置信度	$z-score$
90%	1.65
95%	1.96
99%	2.58

2.4　目标数据

2.4.1　OpenStack 数据信息

OpenStack 已在行业中广泛使用（例如，eBay、Progressive insurance、SBAB bank、Volkswagen fifinancial services 等）[59]。本章选择 OpenStack 作为目标数据集之一，主要有以下三个原因：①它是最流行的云管理系统之一，构建的数据集不仅可以使 Openstack 团队受益，而且可以使使用 OpenStack 构建其云服务的通用云服务提供商受益；②它由几个不同的组件（即 Nova、Neutron、Swift）组成，这将增加最终数据集的多样性；③之前的工作对大约 5 万个 OpenStack 缺陷报告进行了全面分析，该报告提供了构建 OpenStack 安全漏洞报告检测数据集的基本数据和经验。因此，OpenStack 安全漏洞报告检测研究，对 OpenStack 项目自身团队，以及基于 OpenStack 进行云平台架构的企业单位，都具有重要实际工程应用价值。

Openstack 是由美国国家航天局 NASA（National Aeronautics and Space Administration）和全球云计算服务提供商 Rackspace 公司合作发起的开源云管理平台，包含多个用于构建云平台的组件设施（如 Nova、Neutron、Swift、Cinder 等）。OpenStack 创建具有用户和项目身份的实例，这些实例可以管理网络访问规则，并为用户提供极大的灵活性和可伸缩性。

图 2-4 为 OpenStack 系统的关键体系结构展示，包含七个常用组件，各个组件之间耦合性较低，分别负责特定的任务。OpenStack 体系结构具有高度可配置和可扩展性，用户可以通过自定义这些组件来构建云计算平台以满足他们的业务目标。七个关键组件的主要任务简要介绍如下：

（1）Horizon 主要参与 UI 服务，被视为 OpenStack 的 Web 管理控制台，用户可以访问 Web 界面来管理网络和虚拟机。

（2）Neutron 旨在为 OpenStack 虚拟环境提供灵活的网络，在多租户情况下为每个租户提供单独的网络环境。

（3）Nova 旨在通过配置和管理大型虚拟机网络来提供对计算资源的大规模、可扩展、按需自助式访问，负责虚拟机实例的所有活动，包括虚拟机创建、挂起，迁移等。Nova 本身不提供虚拟化功能，而是通过 API 提供外部服务。

（4）Glance 为系统提供了映像服务，使用户可以完成虚拟机映像的存储、查询和检索工作。Glance 仅保存图像的元数据和状态信息，而 Cinder 和 Swift 负责存储工作。

（5）Cinder 是 OpenStack 块存储的项目，在运行实例时可提供稳定的块存储服务。它使设备具有创建、删除、装载或卸载卷的功能。

（6）Swift 负责存储服务。它是可扩展的对象存储系统，可用于创建基于云的弹性存储。

（7）Keystone 负责在 Compute 模块上运行的 OpenStack 云的身份验证，用户管理和账户服务，还为 OpenStack Object Storage 提供授权服务。

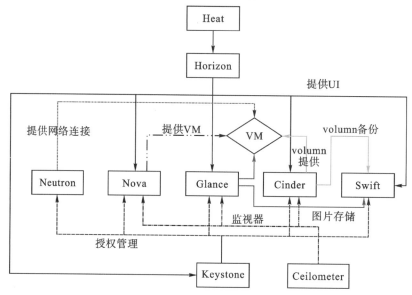

图 2-4 OpenStack 经典架构

自 2010 年以来，OpenStack 一直处于非常活跃的开发状态，其缺陷报告使用缺陷跟踪系统 LaunchPad 进行管理，至今已积累了超过 15 万条缺陷报告记录。在这些数据中，处于"Open"状态的缺陷报告维持在近 2 万条，这些待解决的缺陷报告中，最早提交的可追溯至 10 年前，例如，缺陷报告 ID 为 884492 的记录，其提交时间为 2011 年 10 月，针对该缺陷报告的 Comment 信息有 40 多条，最后一条为 2017 年 10 月添加，也就是说，该缺陷报告自提交之日起，在长达六年的时间里都有相关开发/测试人员为其付出工作时间，而迄今为止该缺陷报告依然处于 Open 状态。

因此，对 OpenStack 缺陷报告的分析，对于 OpenStack 项目自身团队，以及使用 OpenStack 进行云平台架构的项目团队和企业，都具有重要的实际工程价值。表 2-3 是一条 OpenStack 缺陷报告具体示例，其关键字段包括 ID（唯一标识），Title（标题）、Status（状态）、Importance（重要性）、Tag（标签）和 Description（描述信息）。

表 2-3 来自 OpenStack 项目中的一个缺陷报告示例

字段	内容
ID（Key）	1467764
Title（标题）	template validate does not work for stack resource
Status（状态）	New
Importance（重要性）	High

续表

字段	内容
Tag （标签）	N/A
Description （描述信息）	How to reproduce the problem： 1. files list ♯ filename：f. yaml heat _ template _ version：2013 - 05 - 23 resources： s： type：s. yaml ♯ filename：s. yaml heat _ template _ version：2013 - 05 - 23 2. run template - validate heat template - validate - f f. yaml You know horizon is using template - validate to validate stack and get parameters list. So if the bug not fixed，all scenario using stack resource can not be supported by horizon，even command line works. $ …

　　我们从缺陷跟踪系统 Launchpad 中收集 OpenStack 缺陷报告的原始数据，通过三个条件进行数据筛选："Report time"（提交时间）、"Status"（状态）和"Importance"（重要性）。其中"Report time"指缺陷报告提交的时间戳，一般为缺陷报告提交时系统自动生成；Importance 和 Status 的具体信息如下。

　　（1）Importance（重要性）：缺陷报告的 Importance 由缺陷提交人员确定，以便对缺陷进行优先级排序，表述期望开发人员进行缺陷修复遵循的顺序。OpenStack 错误具有六个重要级别：Undecided（待决定）、Critical（严重）、High（高）、Medium（中）、Low（低）和 Wishlist（期望）。我们选择除了 Wishlist 之外的其他五个条件的数据，因为 Wishlist 在实际项目中一般标识建议性的问题，并不一定是系统的缺陷，其修复优先级往往也最低。

　　（2）Status（状态）：Status 是缺陷报告处理流程管理的重要字段，标记该缺陷报告当前所处的阶段信息。项目相关人员通过该字段判断缺陷报告下一步需要进行的操作。在 OpenStack 项目中，状态具有 12 种不同的值，具体为 New（新提交）、Opinion（可选）、Invalid（无效）、Won't Fix（不予修复）、Expired（过期）、Confirmed（已确认）、Triaged（跟踪）、In Progress（处理中）、Fix Committed（修复已提交）、Fix Released（修复已发布）、Incomplete with response（不完整但有回复信息）和 Incomplete without response（不完整且无回复信息）。在本次数据收集中，我们仅选择 Fix Committed 和 Fix Released 两种状态，因为这两种状态表示该缺陷报告已经过分析和修复处理，其可靠性较高。

　　进行数据筛选的具体条件设置如表 2 - 4 所示。采用这些条件的原因如下：①在实际项目中，项目团队成员（如开发人员、测试人员、项目经理等）对这些缺陷报告关注度更高；②这些缺陷报告所处的状态为修复完成，都经过了分析、修复和验证，其结论可信度较高。

根据这三个条件，总共检索到 89 607 条缺陷报告。由于缺陷报告描述信息过少或者不完整会导致理解困难，因此，为了创建供研究人员使用的有效数据集，我们采用 Chaparro[60,61] 提出的缺陷报告完整性检查方法对低质量的缺陷报告进行排除。Chaparro 等给出一种基于自然语言处理的缺陷报告完整度检查方法，从缺陷观察/实际行为（OB：Observed behavior），预期行为（EB：Expected behavior）和重现步骤（S2R：Steps to reproduce）三个方面，对缺陷报告"Description"的完整性进行自动检查。首先，通过分析已有描述完整的缺陷报告示例，提取 OB、EB 以及 S2R 的描述模式，例如，OB 的描述模式为"［subject］［negative aux. verb］［verb］［complement］"，其中［negative aux. verb］$\in$｛are not，can not，does not，did not，etc.｝。然后，基于这些模式信息对每条缺陷报告的"Description"内容进行检测。如果一条缺陷报告缺少这三个要素中的两个，我们则认为该缺陷报告信息不完整。使用该方法，我们最终得到 88 790 条符合条件的缺陷报告记录。

表 2－4　OpenStack 缺陷报告数据采集条件

条件名称	条件取值
提交时间	2018.12.31 之前
Status	Fix Committed，Fix Released
Importance	Undecided，Critical，High，Medium，Low

2.4.2　Chromium 数据信息

在对 OpenStack 项目进行安全漏洞报告检测数据集构建的同时，本章还将对已有用于安全漏洞报告分析与检测的大规模数据集 Chromium 的标签进行重新标记以提高该数据集质量。

Chromium 是知名的开源网页浏览器 Google Chrome 的实验版，Chrome 系统的许多新功能会优先在 Chromium 系统进行试用，待其使用和验证稳定之后再将其集成在 Chrome 正式版本。Chromium 项目源代码在 GitHub 上公开，其所对应的缺陷报告使用缺陷跟踪系统 Bugzilla 进行管理。

本章研究中使用的面向安全漏洞报告检测的 Chromium 数据集来自之前软件工程顶级期刊 *TSE* 中论文（Peters 等[18]）的工作，其原始数据来自国际会议 Mining Software Repository 2011（MSR2011）。Peters 等[18] 对其进行了进一步清洗和处理，过滤掉描述信息（Description）为空或者内容类似"404 not found error or require a unsername and password to gain access"这种无意义描述信息的数据，并对其进行格式转换，生成 csv 文件，其中的安全漏洞报告标签（即"1"，表示为正样本 SBR）来自其缺陷跟踪系统 Bugzilla 中原有的安全相关标记。我们选择 Chromium 作为目标数据集之一，是因为它是当前唯一的大规模安全漏洞报告检测数据集，而正如 Peters 等所指出，该数据集中存在不少标签误标的情况。

表 2－5 给出 Chromium 数据集中一些数据标签被误标的例子，这些缺陷报告本身是跟安全相关的（即属于安全漏洞报告 SBR，应标为 1），但是在该数据集中却被标识为安全无关缺陷（NSBR，0）。该表中，列"ID"为 Bugzilla 系统为每个缺陷报告给定的唯一标识，由系统自动生成；列"Description"（描述信息）是对该缺陷的发生现象、重现步骤、预期

结果、错误信息等内容的具体描述。由于实际缺陷报告的"Description"包含内容较多，为了便于展示，本表中只截取部分关键内容，并将其中跟安全相关的词语/句子标识为黑体。由缺陷报告 Description 中标识为黑体的描述内容可以看出：Issue 2877 的主要问题是由于以隐式方式调用函数 window. close（），该操作可能会导致系统遭受拒绝服务攻击（Deny of Service，DoS），从而导致系统无法进行服务请求响应；Issue 4739 是由于 URL 输入特殊字符"@"引发，攻击者可以通过操作浏览器页面中的功能对页面实施恶意重定向操作；Issue 873 则属于密码存储管理不当的问题，很可能导致密码信息泄漏。这三个示例缺陷报告所描述的问题显然都与软件安全性相关，因此，应该属于安全漏洞报告（SBR），但是在 Chromium 数据集中却被标记为"0"（负样本，安全无关缺陷 NSBR）。

表 2 - 5　Chromium 缺陷报告数据集中误标数据示例

ID	Description（描述信息）
Issue 2877	The Google Chrome browser is **vulnerable to window object** based **denial of service attack**. The Google Chrome fails to sanitize a check when window. close () function is called. The window. close () function is **called in a suppressed manner by default which makes it vulnerable to** …
Issue 4739	Google Chrome is **vulnerable to URI Obfuscation vulnerability**. An **attacker can easily perform malicious redirection by manipulating the browser functionality**. The link can not be traversed poperly in status address bar. This could facilitate the impersonation of legitimate web sites in order to steal sensitive information from unsuspecting users. The URI **specified with @ character with or without NULL character causes the vulnerability**. Proof of Concept：http：//www. secniche. org/gcuri/index. html
Issue 873	Security：**passwords saved by computer shown** 5 MG. POUPARD I find it strange and **dangerous that with options**；minor tweaks；show passwords I can see all my logins with passwords and the websites they're for. I can under…

2.5　实验设置

2.5.1　投票分类器

基于最新研究侧重于通过监督机器学习进行安全漏洞报告预测，本章选择逻辑回归（Logistic Regression）、多项式朴素贝叶斯（Naive Bayes Multinomial）和多层感知神经网络（Multiple Layer Perceptron），因为这些分类算法在之前的软件缺陷报告分析研究中表现较好。算法具体代码实现使用基于 Python 的机器学习包 Scikit - learn。

（1）逻辑回归（Logistics regression，LR）：将特征和标签之间的关系建模为参数分布 $P(y \mid x)$，其中 y 表示数据点的标签，x 表示以一组特征表示的数据点。LR 在线性回归模型的基础上经过激活函数（非线性函数，一个典型的例子就是 sigmod），使得回归的结果变成了分类结果[62]。

（2）多项式朴素贝叶斯（Naive Bayes Multinomial，NBM）：朴素贝叶斯的变体，实现了用于多项式分布数据的朴素贝叶斯算法，是文本分类中经典朴素贝叶斯算法之一[63]。

（3）多层感知神经网络（Multiple Layer Perceptron，MLP）：是一种简单的神经网络分类器，由有向图中的多层节点组成，即一个输入层，一个输出层以及一个或多个隐藏层[64]。其中，第一层的输出会作为下一层中节点的输入。MLP 擅长不可线性分离的数据分类。

2.5.2 评估指标

为了有效评估不同分类器的性能表现，本章选择常用性能评估指标 Recall、Precision、F1-score、Accuracy，以及统计分析方法，以下对这些评估指标进行简单介绍。

在安全漏洞报告检测二分类问题中，对于一个缺陷报告，其分类结果有四个可能。

（1）TP（True Positive）：表示一个正样本（安全漏洞报告 SBR）其检测结果亦为正样本；

（2）FP（False Positive）：表示一个负样本（安全无关缺陷报告 NSBR）其检测结果为正样本；

（3）TN（True Negative）：表示一个负样本（安全无关缺陷报告 NSBR）检测结果亦为负样本；

（4）FN（False Negative）：表示一个正样本（安全漏洞报告 SBR）其检测结果为负样本。

根据以上分类结果，各个评价指标及具体计算公式如下。

（1）Recall：召回率或查全率，表示检测模型正确检测的安全漏洞报告数量在所有安全漏洞报告中所占的比例，其计算方法如式（2-3）所示

$$Recall = \frac{TP}{TP+FN} \qquad (2-3)$$

（2）Precision：准确率，表示检测模型正确检测的安全漏洞报告数量在所有检测为安全漏洞报告样本中所占的比率，具体计算方法如式（2-4）所示

$$Precision = \frac{TP}{TP+FP} \qquad (2-4)$$

（3）F1-score：为 Recall 和 Precision 的调和平均数，F1-score 值越高，则意味着模型的综合检测能力更优，其评价结果也更加客观，是软件工程领域最常用的检测模型性能衡量指标，其具体计算方法如式（2-5）所示

$$F1-score = \frac{2 \times Recall \times Precision}{Recall+Precision} \qquad (2-5)$$

（4）Accuracy（精确率）：表示检测模型正确检测的样本数量（包括正样本和负样本）在所有样本中所占的比例，其具体计算方法如式（2-6）所示

$$Accuracy = \frac{TP+TN}{TP+TN+FP+FN} \qquad (2-6)$$

（5）统计分析：统计分析是一种检测模型检测有效性是否持续、显著且具有统计学意义

的常用方法。软件工程领域常用的统计分析评估方法为 Wilcoxon rank – sum test[65]，本章通过计算综合性能指标（如 F1 – score）在不同模型的 Effect size[66]，并使用 Cliff's delta[67] 来衡量两个非参数变量之间的差异量，Cliff's delta（d）的具体计算公式如式（2 – 7）所示

$$d = \frac{2W}{mn} - 1 \qquad (2-7)$$

式中，W 是威尔科克森秩和检验；m 与 n 分别是两个需要互相比较的变量。d 的重要性与数值的参照表如表 2 – 6 所示

表 2 – 6　级别及 Cliff's delta 范围映射关系

级别	Cliff's delta 范围
可忽略	$\|d\| < 0.147$
小	$0.147 \leqslant \|d\| < 0.33$
中等	$0.33 \leqslant \|d\| < 0.474$
大	$0.474 \leqslant \|d\|$

2.5.3　数据集设置

实验涉及两组数据集，一组是现有的漏洞报告检测数据集，用于评估我们提出的迭代投票分类算法的有效性；另一组是我们将要进行标记的目标数据集，本小节对这两组数据集分别进行介绍。

第一组：模型性能评估数据集。在将本章提出的方法应用于实际数据集构建之前，我们首先采用已有带标记的两个漏洞报告检测数据集 Derby 和 Chromium 对所设计的模型有效性进行性能评估。数据集 Derby 是 Ohira 等[26] 通过人工标记的方式提供的四个漏洞报告检测数据集（即 Ambari、Camel、Derby 和 Wicket）之一，包含 1000 条缺陷报告记录。我们仅从四个数据集中选择 Derby 数据集，因为其他三个数据集中的安全漏洞报告（SBR）数量过少（≤30），难以训练有效的机器分类模型。另一个用于模型性能评估的是大规模数据集 Chromium，其包含 41 940 个缺陷报告记录。这两个数据集的样本分布情况如表 2 – 7 所示。类似于 Peters 等[18] 的工作，为了让数据分布更加符合实际环境，我们首先对每个数据集按照时间序列进行排序（正序）。为了模拟我们的数据集构建方法的过程，仅选择 50 条高质量的负样本（NSBR）加入初始训练集中，表 2 – 8 中展示在数据集构建过程中训练数据和测试数据的分布情况。

表 2 – 7　模型性能评估数据集原始信息

数据集名称	样本总数	正样本数量（# SBR）	负样本数量（# NSBR）	描述信息
Derby	1000	88	912	关系数据库管理系统。数据时间范围为 2004.9 至 2014.9
Chromium	41 940	192	41 748	Web 浏览器 Chrome。数据时间范围为 2008.8 至 2010.6

表 2-8　性能评估数据集在迭代投票算法初始设置

数据集名称	初始训练样本		测试样本	
	正样本 （# SBR）	负样本 （# NSBR）	正样本 （# SBR）	负样本 （# NSBR）
Derby	44	50	44	906
Chromium	96	50	96	41 698

第二组：用于安全漏洞报告数据集构建的源数据。通过本章设计的方法，旨在构建 OpenStack 数据集的同时，对现有安全漏洞报告检测数据集 Chromium 的标签正确性进行改进。两个数据集初始样本分布如图 2-9 所示。

表 2-9　目标数据集分布

数据集名称	初始训练样本		目标数据
	正样本 （# SBR）	负样本 （# NSBR）	
OpenStack	172	50	88 568
Chromium	192	50	41 698

2.5.4　人工审查策略

需要人工审查以产生初始训练数据集并验证最终预测结果的正确性。总体而言，我们对所有要检查的记录使用"卡片分类法"。为了进一步确保审核结果的正确性和公平性，课题研究中招募了三名经验丰富的安全测试成员：一名来自学校的信息安全社团，另外两名来自企业的安全测试团队，长期从事基于 OpenStack 基础架构的云平台安全测试工作。参与数据审查的成员拥有至少三年渗透测试经验，并在国内外安全竞赛中获得奖多项，他们的专业知识为本章研究中的样本审查和标记结果正确性提供了保证。此外，为了使审查结果尽可能接近实际情况，对于三个成员审查结果不一致的数据，则三名标记成员一起进行面对面讨论，直到获得一致的结果。

对于模型检测结果，采用 2.3.3 节给出的审核策略进行人工验证，即对 B_{ppos} 和 B_{pu} 使用"逐一审核"策略；而对 B_{pneg} 采取"抽样审查"策略，采样数量计算的置信度和误差范围分别设置为 95% 和 5。

2.5.5　目标数据设置

1. OpenStack

2011 年，CVE 网站上记录了 OpenStack 暴露的第一个安全漏洞，截至 2018 年底，OpenStack 的 CVE 数量增加到 186 个。CVE 系统中对漏洞类型进行了进一步分类，OpenStack 涉及八种不同的漏洞类型，具体分布如图 2-5 所示。其中 Dos（Denial of service）的数量最多，占 29.4%，其次是"Gain information"和"Bypass Something"，分别占 24.2%

和 20.9%。其他五种类型的数量相对较少，所占比例从 2% 到 10%。作为模型训练的初始正样本，CVE 条目中漏洞类型的多样性可以有效地提高分类模型的泛化能力。

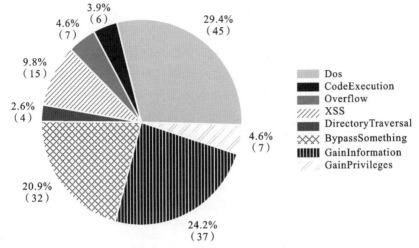

图 2-5　CVE 中 OpenStack 项目漏洞类型分布

（1）正样本：基于 CVE 及 OpenStack 缺陷报告关联关系标记的初始正样本。如 CVE 网站上所述，每个 CVE 条目都代表一个众所周知的网络安全漏洞，根据 OpenStack 的漏洞管理过程，OpenStack 的安全性问题会与 CVE 编号相关联，以确保其可追溯性。因此，如果 OpenStack 的缺陷报告与 CVE 编号相关，则可以认为该缺陷是一个安全相关缺陷，则标记为正样本（即 SBR）。最终，OpenStack 获得了 172 个正样本 SBR。这少于 CVE 系统中记录的 OpenStack 的 CVE 条目数 186，因为有 14 个 CVE 记录没有与任何 LaunchPad 的 Bug ID 相关联。

（2）负样本：在实验中，仅将 50 个负样本添加到初始标记的数据集中。首先从未标记的数据集中随机选择一部分样本，并由三名审核成员对其进行人工审核，然后选择三名成员审核结果一致的 50 条记录以确保初始数据集的质量，不会选择三个成员获得不同标记的样本。

2. Chromium

Chromium 数据集是当前唯一源于开源项目的大规模安全漏洞报告数据集。正如 Peters 等指出的，数据集 Chromium 中明显有一些安全漏洞报告（SBR）被误标记为安全无关缺陷报告（NSBR），本章实验过程试图通过所提出的方法来改进其标签质量。

与 OpenStack 初始样本标记方式不同，对于 Chromium 数据集，实验中使用该数据集中原来标记的 192 个安全漏洞报告作为初始正样本，因为从前期审核看这些安全漏洞报告的标签是正确的。其余所有样本则被视为未带标签的目标样本。初始负样本的选择和标记过程类似于 OpenStack 所采用的方法。

2.6　实验结果和分析

2.6.1　迭代投票模型有效性

我们首先通过将其有效性与三个投票分类器（LR、NBM、MLP）进行比较来评估该方法的效果。我们将每种算法应用于数据集 Derby 和 Chromium。表 2-10 为模型预测结果展示，每个指标的最佳值以粗体显示。结果表明，我们的方法在 Accuracy、F1-score 和 Precision 方面始终优于三个分类器。尤其是 Accuracy 达到 0.9968，对于数据集构建而言，这是一个非常值得肯定的结果。三个单一分类器以大幅度降低 Precision 和 Accuracy 为代价提高了 Recall 值，这对于数据集的构建非常不利。例如，分类器 MLP 的 Precision 为 0.5092，这意味着有超过 20k 的 NSBR 被错误地标记为 SBR。导致单一分类器如此高的 Recall 但 Precision 较低的主要原因是训练集和测试集之间样本分布的差异，如表 2-7 所示，训练集中正样本的比例远高于测试集中。但是，迭代式投票方法通过迭代过程来减轻训练集和测试集之间的比例差异（即正样本：负样本）。它仅在每次迭代中将一致投票的样本作为否定样本，并将这些否定样本移动到训练集中以在下一次迭代中训练分类器。该迭代过程将继续进行，直到满足停止标准为止。

表 2-10 不同模型检测结果

项目	算法	Accuracy	F1-score	Precision	Recall
Derby	Vote	**0.9703**	**0.5846**	**0.6786**	0.5135
	NBM	0.3329	0.1229	0.0659	0.9091
	LR	0.1451	0.1023	0.0539	**1.0000**
	MLP	0.1921	0.0999	0.0527	0.9545
Chromium	Vote	**0.9968**	**0.2873**	**0.2455**	0.3462
	NBM	0.5751	0.0086	0.0043	0.9121
	LR	0.5981	0.0099	0.0050	0.9231
	MLP	0.5092	0.0076	0.0038	**0.9670**

注：每个指标的最大值加粗显示

为了评估方法统计的显著性，在 Derby 和 Chromium 中对每种分类算法执行 30 次，每次开始时对数据进行了随机排序操作，并基于 Accuracy 和 F1-score，使用 Wilcoxon rank-sum test 和 Cliff's Delta 计算了 p-value 值和 Effect size 值，根据表 3-5 所示映射关系，Vote 方法与其他三个单一分类算法基于 Accuracy 和 F1-score 对比的统计分析结果如表 2-11 所示。

表 2-11 Vote 方法与其他三个单一分类算法对比的统计分析结果

数据集	算法	Accuracy		F1-score	
		p-value	Effect size 级别	p-value	Effect size 级别
Derby	NBM	<0.001	大	<0.001	大
	LR	<0.001	大	<0.001	大
	MLP	<0.001	大	<0.001	大
Chromium	NBM	<0.001	大	<0.001	大
	LR	<0.001	大	<0.001	大
	MLP	<0.001	大	<0.001	大

2.6.2　目标数据标记结果

在将本章所设计的方法应用于目标项目 OpenStack 和 Chromium 对应的缺陷报告数据集后，其检测结果分布情况如表 2-12 所示，大多数缺陷报告被选为负样本，OpenStack 和 Chromium 分别占 99.27% 和 98.63%；正样本分别为 129 和 143，各占 0.15% 和 0.34%；三个分类器无法达到相同检测结果的不确定样本分别占 0.58% 和 1.03%。

表 2-12　目标数据检测结果统计信息

项目	正样本	比例	负样本	比例	不确定	比例
OpenStack	129	0.15	88 146	99.27	515	0.58
Chromium	143	0.34	41 246	98.63	430	1.03

2.6.3　标签准确性

通过人工检查结果来验证我们设计的方法识别安全漏洞报告（SBR）和安全无关缺陷报告（NSBR）的准确性。选择了两个项目的所有"投票结果为正"和"不确定"样本进行人工审核。对于"投票结果为负"的样本，采用抽样策略进行采样审核，其中参数"置信度"和"误差幅度"的值分别为 95% 和 5，在 OpenStack 的 88 146 个投票结果为负的样本中选择了 383 个，在 Chromium 的 41 246 个投票结果为负的样本中选择 381 个进行人工审核。最终，OpenStack 和 Chromium 分别有 1027 和 945 个需求需要人工审查的样本。由三个经验丰富的成员按照卡片分类法对每个样本进行审查，审查结果可以是 SBR、NSBR 和 Uncertain，其中带有"Uncertain"标签的数据表示这些记录即使人工审核也依然难以确认其为 SBR 或者 NSBR，因为有些缺陷报告的描述信息非常有限，不足以作出明确的判断。

根据这三个标记者的审查结果，OpenStack 的 109 条记录（共 1027 条）结果不一致，而 Chromium 的 102 条记录（共 945 条）结果不一致。我们进一步探讨了导致这些不一致结果的因素，并发现缺陷报告本身的质量是导致审查结果不一致的主要因素。让我们以 OpenStack 的 Bug 1364401 为例：两名标记者将其标记为"Uncertain"，而另一个标记者将其标记为"SBR"，该缺陷报告的"Description"如下。

> Currently configuration of token backend in keystone looks like：[token]
> driver=keystone. token. backends. memcache. Token
> caching=true
> Which means that tokens are stored in memcached and then cached in（presumably the same）memcached. This doesn't make sense，" caching=true" line should be removed.

从 Issue 1364401 的"Description"可以知道该缺陷是一个 Token 请求导致的问题。在该示例中，因为系统 Token 始终是敏感信息，因此，是否对其进行缓存可能会影响系统的安全性，但并非所有涉及 Token 的缺陷都与系统安全有关。因此，很难确定该缺陷为漏洞报告 SBR 还是非漏洞报告 NSBR。

为了评估三名审核人员标记结果的一致性，根据人工审查结果进行 Fleiss Kappa 值计算，结果表明，OpenStack 和 Chromium 的 Kappa 值分别为 0.81 和 0.74，根据表 2－1 对应关系，两个数据集上对应的级别分别为 "Almost perfect" 和 "Substantial"。对于每一个不一致的记录，三名标记人员一起讨论，直到得出一致的结果。

最终审查结果分布如表 2－13 所示，对 OpenStack，审核样本中总共有 191 个被最终判定为正样本（SBR）、有 724 个被判定为负样本（NSBR）、有 112 个被最终判定为 "不确定"；对于 Chromium 项目，有 64 个判定为正样本、685 个判定为负样本（NSBR）、174 个判定为 "不确定"。判定为 "不确定" 的关键因素是样本的 "Description" 所包含的文字信息有限，不足以判断缺陷报告是否与安全相关。例如，Chromium 中对 Issue 12187 的描述信息为 "Crash in base _ unittests involving SystemMonitor observer and NowSingleton 1 person starred this issue and may be notified of changes. phajdan...@chromium.org."。仅使用此文本信息，即使对于高级安全工程师，也很难确定此崩溃是否与安全相关。因此，我们将此类项目标记为 "不确定"，并建议将此类记录视为噪声数据，并将其从最终数据集中删除。

表 2－13　采用卡片分类法人工审核结果统计

项目	检测为正（SBR）			检测为负（NSBR）			不确定（Uncertain）		
	正	负	不确定	正	负	不确定	正	负	不确定
OpenStack	82	15	32	3	376	4	106	333	76
Chromium	32	41	59	1	377	3	31	267	111

注：从 OpenStack 和 Chromium 的 B_{pneg} 中抽查的记录数分别为 383 和 381，由统计采样 CL = 0.95，误差范围为 5 条件下计算得到。

根据人工审查结果可计算出模型对数据集 OpenStack 和 Chromium 中 SBR 和 NSBR 的检测结果的 Precision，其结果如表 2－14 所示。该结果表明，迭代投票法对识别 NSBR 非常有效，可以极大地节约人工标记成本，因为实际项目中 NSBR 数量规模较大。特别地，OpenStack 的 SBR 识别 Precision 要比 Chromium 表现更优，造成这种情况的一个可能原因是数据自身质量，因为 OpenStack 缺陷报告的 "Description" 字段的文本信息比 Chromium 的整体质量要高。

表 2－14　SBR 和 NSBR 检测结果 Precision

项目	Precision（SBR）	Precision（NSBR）
OpenStack	0.64	0.98
Chromium	0.24	0.99

2.7　讨论与小结

2.7.1　漏洞报告关键特征

根据对安全漏洞报告 SBR（最初标记的 SBR 和最终检测的 SBR）的人工审核和观察，

实际上，在安全漏洞报告的"Description"文本中的确存在一些与安全性密切相关的词频繁出现，将其中一些总结如下：

> **SBR related keywords**
> "leak", "leakage", "memory", "attack", "security", "https", "password", "risk", "javascript", "access", "ssl", "vulnerability", "vulnerabilities", "attacker", "directory", "token", "PKI", "port", "scan", "bypass", "authorization", "admin"

但是，这并不意味着在"Description"中出现了任何与安全相关的关键词，我们就能将其直接判定为安全漏洞报告（SBR）。例如，缺陷报告描述为"…I failed to login the system while I submitted the correct username and password…"。虽然该描述中出现了"Username" "Password"，这些看似与安全相关的词汇，但是从整个句子描述可以判断，该缺陷只是系统登录时的一个功能问题，并不会因此导致安全攻击、敏感信息泄漏等安全事件。然而，如果某缺陷报告描述信息包含"…my password is displayed on the login page in plain text…"这样的信息，那么该缺陷应该属于安全漏洞报告，因为该缺陷汇报的是密码明文显示的问题，涉及敏感信息泄漏。因此，一种更智能的特征提取方法，是可以理解上下文语义或词语之间的关联关系，这对于提高安全漏洞报告判断准确性非常重要。例如，REN 等构造了 CNN 结构以从文本中识别关键短语和模式，将来可以进一步研究其提出的方法的有效性。

2.7.2　有效性威胁

1. 对内部有效性的威胁

本章方法的内部有效性的第一个威胁是实现代码中可能存在的错误。对于方法的设计和实现代码，我们组织了一次正式的代码审查会议，并且所有研究人员都参加了会议，以确保我们的实现质量。内部有效性的另一个威胁是选定的投票者（即分类算法）。已经提出了大量分类算法（例如，NB、SVM、KNN），并且任何单个研究都只能使用现有分类算法的一小部分。研究中，根据现有文献[1,13,14,18]选择了三个缺陷报告分析中表现较为可靠的分类器。

2. 外部有效性的威胁

该方法外部有效性的主要威胁是最初标记的数据集的质量，因为对于基于机器学习的算法而言，数据质量非常重要——这也是本研究的重点。但是，正如我们的方法所建议的那样，可以根据 CVE 条目来标记初始训练集的正样本，这是足以确保其正确性的权威性漏洞数据。对于最初的负样本，建议由有经验的测试人员对这些数据进行标记。幸运的是，我们的方法只需要一小部分（例如，我们的实验中有 50 条记录）初始标记的负样本。外部有效性的第二个威胁是我们提出的方法是否具有其他领域项目的泛化能力。在我们的方法中，提出了一种基于迭代投票策略的自动数据标记方法，该方法与领域无关。因此，可以将我们的方法应用于不同领域的其他项目。

2.7.3　小　　结

本章给出一种为基于机器学习的安全漏洞报告检测构建大规模数据集的方法。首先准备一个尽可能接近 ground truth 的训练样本集，其中包含与 CVE 相关的缺陷报告作为正样本和一小组经过精心挑选的高质量负样本，然后使用迭代投票分类算法从大规模目标数据中识别出安全漏洞报告（SBR）。采用该方法，本章研究中构建了面向 SBR 检测的 OpenStack 数据集，其中包括约 8 万个缺陷报告。此外，通过我们的方法和人工审核工作从现有数据集 Chromium 中的原始标记 NSBR 中识别出 64 个新安全漏洞报告（SBR），提高了数据集标签正确性。

第 3 章

基于深度学习的
漏洞报告检测方法

3.1　引　　言

已有安全漏洞报告检测工作大都采用传统机器学习分类算法（如 Random forest、Logistic regression、Naive Bayes 等）[1,6,18]，其检测准确性距离实际工程应用还存在很大改进空间。当前，深度学习技术以其优秀的特征自学习能力在许多领域得以成功应用，例如图像处理[68,69]、智能推荐[70]、自然语言处理[71] 等。本章将基于深度神经网络的深度学习算法引入安全漏洞报告检测中，通过经典深度文本挖掘模型 TextCNN、TextRNN、Attention 机制以及模型融合对安全漏洞报告检测方法进行研究。

3.2　深度学习模型构建

3.2.1　架构设计

基于第 1 章中所给出的基于机器学习的安全漏洞报告检测基本流程图（见图 1-2），本章设计的基于深度学习的安全漏洞报告检测方法架构如图 3-1 所示，具体分为缺陷报告数据集的析取，数据预处理（去噪、标记等），深度学习模型构建，目标数据预测四个阶段。其中，面向深度学习模型应用的数据预处理和深度学习模型构建是本章工作的重点。

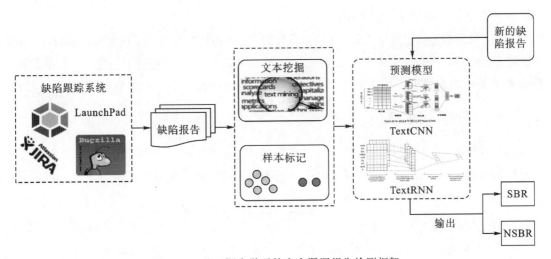

图 3-1　基于深度学习的安全漏洞报告检测框架

3.2.2　文本预处理

由于安全漏洞报告检测主要利用缺陷报告中的"Description"（描述信息），其主要以自然语言形式对缺陷进行描述，因此，数据预处理过程主要参考深度学习模型在自然语言处理中的预处理方法，主要涉及停顿词移除、句子填充、词汇-索引表构建以及词嵌入矩阵构建这四个主要步骤。

步骤 1：移除停用词。本章数据处理中通过 NLTK[①]进行通用停用词移除，并在此基础上进一步通过人工分析对缺陷报告所使用停顿词进行了补充完善。

步骤 2：进行句子填充（Sentences padding）。深度学习处理过程中的句子填充一般采用最长句子长度，但是这对于缺陷报告处理并不恰当，因为不同的缺陷报告，其 Description 信息长度差异较大，使用最长句子填充不仅会导致模型空间开销过高，而且会引入大量噪声。所以，我们选择缺陷报告平均长度的 1.5 倍作为最大长度，具体计算如式（3-1）所示。

$$L = \mathrm{ceil}(L_{avg} \times 1.5) \tag{3-1}$$

式中，L_{avg} 表示缺陷报告平均句长；ceil 表示向上取整。缺陷报告 Description 信息长度大于计算结果 L 的会被按序截取，即第 L 个词以后的内容会被丢弃；而 Description 信息长度不足 L 个单词的会在后面补充无意义符号（如 0），使其长度达到 L。

步骤 3：词汇-索引映射表构建。词汇-索引映射表是一个包含缺陷报告中所有出现过的词和一个特殊符号的集合，每种出现过的词和该映射表的一个元素有着唯一的对应关系，而未出现的词会和该映射表中的特殊符号进行对应。

步骤 4：词嵌入（Word Embedding）矩阵构建。词嵌入矩阵可以描述为大小为 $S \times d$ 的矩阵，其中 S 表示"词汇-索引"映射表中元素的个数，d 表示每个词的词嵌入向量的维度。在该矩阵中，每一个行向量代表一个词，按顺序和"词汇-索引"映射表中的每一个词相对应。Word2vector 是最常用的词嵌入矩阵生成模型之一，目前提供 skip-grams 和 CBOW 两种词嵌入矩阵构建方法，本章使用 skip-grams 进行词嵌入矩阵构建，根据安全漏洞报告文本特征，本章实验中设定窗口大小为 3。

至此，缺陷报告数据集中的每一条缺陷报告的 Description 信息都成了长度为 L 的向量。所有的缺陷报告的 Description 构成了一个 $\boldsymbol{T} = L \times N$ 的矩阵，其中 L 是句子长度，N 是缺陷报告数量。样本的标签构成了一个长度为 N 的列向量 $\boldsymbol{La}$，假设存在一个理想模型 f，则有 $\boldsymbol{La} = f(\boldsymbol{T})$。

3.2.3　深度学习模型

选择两种经典的自然语言处理神经网络模型 TextCNN 和 TextRNN 进行安全漏洞报告检测模型构建，并根据安全漏洞报告检测问题和数据特征进行模型关键参数设置，然后通过 Attention 机制融合对模型进行优化。

1. TextCNN 模型

TextCNN 是一个由经典卷积神经网络（CNN）演化而来的用于自然语言处理的神经网络模型。卷积神经网络使用带有卷积滤波器的图层，这些滤波器应用于局部特征，CNN 模型最初是为计算机视觉而发明的，后来被证明对自然语言处理具有良好效果，并且在语义解析、搜索查询检索、句子建模和其他传统的 NLP 任务中取得了优异的成绩，图 3-2 是 TextCNN 经典结构。

---

① NLTK：http：//www.nltk.org/.

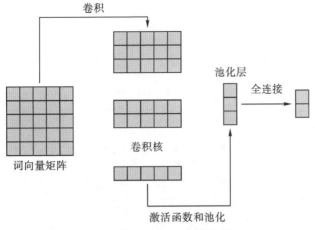

图 3-2　TextCNN 网络结构

模型先在词向量矩阵上用不同大小的卷积核卷积，每个卷积核类似于一个可训练的滤波器，提取输入的部分特征，然后将卷积结果经过激活函数（本章设计中使用 ReLU）处理后输入到池化层，池化层会生成更高维的向量。然后池化层的处理结果通过 dropout 层随机选择后（一定程度避免过拟合）通过全连接层连接，最后得到分类结果。

CNN 的空间问题复杂度大小主要取决于模型的参数数量和每层输出的特征图大小，与输入数据本身大小无关，其具体计算如式（3-2）所示

$$\text{Space} \sim O\Big(\sum_{l=1}^{D} K_l^2 \times C_{l-1} \times C_l\Big) \tag{3-2}$$

式中，K 表示卷积核的尺寸大小；C 表示通道数；D 表示网络的深度。

本章中，根据安全漏洞报告检测问题实际特点，对模型卷积核做了定制化设计，采用多个卷积核，大小为 $i \times d$，$i = 1$、2、3，d 表示每个词的词嵌入向量的维度。该处理方式把卷积视野抽象为 $i(i=1$、2、3) 个单词，其核心公式为 $y = f(C_1 + C_2 + C_3)$，其中，C_1、C_2、C_3 是不同大小卷积核的输出结果。

2. TextRNN 模型

TextRNN 是基于经典递归神经网络 RNN 的一种面向自然语言处理的神经网络模型。RNN 的递归结构非常适合处理可变长度文本，可以通过对输入序列的内部隐藏状态向量递归应用转换函数来处理任意长度的序列。首先将文本中的词汇进行数字化表示（一般使用 Word2Vec 或者 GloVe）馈送到神经网络，然后计算其输出。在模型每一个步骤，RNN 都进行式（3-3）所示计算：

$$\text{RNN}(t_i) = f(W \times x_{t1} + U \times \text{RNN}(t_{i-1})) \tag{3-3}$$

式中，W 和 U 表示模型的参数；f 表示非线性函数；$\text{RNN}(t_i)$ 为第 i 个 time-step 的输出，一般按原样使用，也可以再次输入参数化结构，如 softmax，具体由当前执行的任务来决定。训练过程根据全部或部分 time-step 的输出来制定损失目标函数，并在尽可能降低损失的情况下实现。本章采用 BiLSTM 的 TextRNN 模型，通过在 RNN 模型中加入输入门、输出门和遗忘门来实现，具体结构如图 3-3 所示。

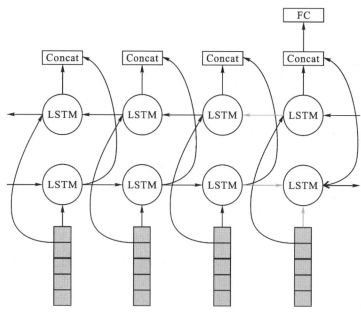

图 3-3 TextRNN 的结构图

输入门、输出门和遗忘门可以让信息有选择性地通过，各层主要通过一个 sigmoid 的神经层和一个逐点相乘的操作实现。其中，sigmoid 层的输出是一个向量，向量的每个元素取值 [0，1]，表示让对应的信息通过的权重（例如，0 表示不允许通过、1 表示允许所有信息通过）。

输入门（Input Gate）：用于决定下一步允许多少新的信息加入 cell 状态中，由输入门的 sigmoid 层决定哪些信息需要更新，其具体计算方法如式（3-4）所示。

$$i_t = \sigma(W_i \cdot [h_{t-1}, \, x_t] + b_i) \qquad (3-4)$$

式中，σ 为激活函数；h_{t-1} 是前一时刻隐层状态；x_t 是当前时刻的输入；W_i 和 b_i 是线性关系的系数。

输出门（Output Gate）：用于决定模型最终的输出值，是一个过滤后的状态。首先，通过执行一个 sigmoid 层确定 cell 状态的哪部分会被输出；其次，使用 tanh 对 cell 状态进行处理，获得一个属于 [-1，1] 的区间值，并将该区间值与 sigmoid 的输出值相乘；最后，只输出确定要输出的部分。具体如式（3-5）所示。

$$h_t = \sigma(W_o[h_{t-1}, \, x_t] + b_o) \cdot \tanh(C_t) \qquad (3-5)$$

式中，σ 是激活函数；h_{t-1} 是前一时刻隐层状态；x_t 是当前时刻的输入；W_o 和 b_o 是线性关系的系数。

遗忘门（Forget Gate）：决定需要从 cell 中舍弃的信息内容，通过遗忘门来完成舍弃。遗忘门读取前一时刻隐层状态输出 h_{t-1} 和当前时刻输入信息 x_t，并将其输入到 Sigmoid 函数，产生一个取值在 [0，1] 的数值给每个 cell 状态，具体计算如式（3-6）所示：

$$f_t = \sigma(W_f \cdot [h_{t-1}, \, x_t] + b_f) \qquad (3-6)$$

式中，W_f 和 b_f 是线性关系的系数；σ 是激活函数；h_{t-1} 是前一时刻隐层状态；x_t 是当前时刻的输入。LSTM 根据不同的适应场景和性能有较多变种[72]，图 3-3 中我们将词向量输入到双向的 LSTM 中，并将结果进行连接；最后，通过全连接层（Full Connection，FC）得到最终的分类结果。

3. Attention 机制

Attention 机制（Attention Mechanism）由 Bahdanau 等[73] 于 2015 年提出，当前被广泛应用于机器翻译、语音识别等领域。Attention 机制的基本思想是基于 RNN 的 Encode - Decode 模式的效果，其首先定义 RNN 模型中的条件概率，具体计算如式（3-7）所示。

$$p(y_i \mid y_1, \cdots, y_{i-1}, x) = g(y_{i-1}, s_i, c_i) \tag{3-7}$$

式中，s_i 为 RNN 在 i 时刻的隐藏状态，其计算如式（3-8）所示。

$$s_i = f(s_{i-1}, y_{i-1}, c_i) \tag{3-8}$$

式中，c_i 为上下文向量，其计算方法如式（3-9）所示。

$$c_i = \sum_{j=1}^{T_x} \alpha_{ij} h_j \tag{3-9}$$

式中，α_{ij} 为每个注解 h_j 的权重，计算方法如式（3-10）所示。

$$\alpha_{ij} = \frac{\exp(e_{ij})}{\sum_{k=1}^{T_x} \exp(e_{ik})} \tag{3-10}$$

式中，$e_{ij} = a(s_{i-1}, h_j)$ 是所得到的对齐矩阵，用于记录位置 j 的输入和位置 i 的输出的匹配程度。Attention 机制可以把从训练数据中每个词学到的表征信息和目标检测数据中的词进行关联，当模型训练完成后，会根据 Attention 矩阵生成训练数据和目标数据之间的对齐矩阵。

3.3　实验设置

3.3.1　研究问题

为了验证本章设计深度学习模型在安全漏洞报告检测中的有效性，我们提出如下四个研究问题来指导具体实证研究实施。

问题 1：与基准方法相比，所给出的深度学习模型是否可以提升安全漏洞报告检测性能（如 F1 - score）？

问题 2：针对安全漏洞报告检测问题，不同的训练数据正负样本比例对深度学习模型性能的影响如何？

问题 3：针对安全漏洞报告检测问题，不同深度学习模型的迭代表现是否相似？

问题 4：不同词嵌入方法对基于深度学习的安全漏洞报告检测性能影响如何？

3.3.2　评测数据集

实证研究中使用了来自不同项目的五个公开数据集：Ambari、Camel、Derby、Wicket 和 OpenStack。其中，前四个数据集每个包含 1000 条数据（即缺陷报告），最初由 OHRIA 等[26] 标注并公开，这四个数据集均来自 Apache 项目。其中，Ambari 项目旨在开发用于配置、管理和监视 Apache Hadoop 集群的软件来简化 Hadoop 管理，其通过 RESTful API 提供直观、易于使用的 Hadoop 管理 Web UI；Derby 是 Apache DB 的一个子项目，是完全采用 Java 编写的关系型数据库，Derby 中提供了一个嵌入式 JDBC 驱动程序，用户可以将 Derby 嵌入任何基于 Java 的项目中；Wicket 是一个面向组件的服务器端 Java Web 应用程序框架，与其他框架一样，Wicket 建立在 SUN 的 Servlet API 之上。这四个项目代表四类典型应用系统，其缺陷报告都采用缺陷跟踪系统 JIRA 进行跟踪管理，Ohria 等从四个项目中各选择了 1000 个具有较大影响的缺陷进行标记。

本章还采用了一个大规模安全漏洞报告检测数据集，是本书第 2 章工作中基于云基础架构平台 OpenStack 项目缺陷报告所构建的，其原始数据包含 88 790 条缺陷报告记录，其中正样本为 239 条。为了降低样本类别不均衡对模型所造成的影响并提高样本质量，本章实验中我们进一步采用 Chaparro 等[60,61] 所提供的方法对负样本数据进行过滤，认为缺少 OB、EB 和 S2R 中的任意一个条件的则将其删除，最终 OpenStack 中剩余 41 056 条负样本记录。表 3-1 是本章实验评估采用的五个数据集中安全漏洞报告和安全无关缺陷报告的分布情况。

表 3-1 数据分布情况

数据集名称	安全漏洞报告（SBR）	安全无关缺陷报告（NSBR）
Ambari	29	971
Camel	32	968
Derby	88	912
Wicket	10	990
Openstack	239	41 059

3.3.3 评估指标

为使评价结果全面、公正，本章采用在基准方法研究中所采用的全部评估指标对模型性能进行评价，具体包括：Recall、Precision、F1-score、pf、G-measure、Area Under the Curve、Accuracy，以及统计分析方法。其中，Recall、Precision、F1-score、Accuracy，以及统计测试的具体计算方法和意义在 2.5.2 节中已进行了介绍，以下对其他三个评估指标及其计算方法进行说明。

（1）pf：表示检测模型的误报率，与其他指标不同，pf 值越低表示模型检测有效性越好，其具体计算如式（3-14）所示：

$$pf = FPR = \frac{FP}{FP + TN} \tag{3-14}$$

（2）G-measure：是 Recall 与（1-pf）值的调和平均数。这里（1-pf）表示特异值（即不将 NSBR 检测为 SBR），该特异值与 Recall 一起构成 G-measure，即多数分类和少数分类的 Recall 的几何均值，其具体计算方法如式（3-15）所示：

$$G\text{-}measure = \frac{2 \cdot Recall \cdot (1 - pf)}{Recall + (1 - pf)} \tag{3-15}$$

（3）AUC（Area Under the Curve）：通过绘制 ROC（receiver operator characteristic）曲线下与坐标轴围成的面积，是与阈值无关的度量，对于类不平衡问题具有鲁棒性。

3.3.4　基准方法

本章实证研究中，我们采用 Peters 等[18] 于 2018 年发表于软件工程领域顶级期刊 TSE 的工作作为基准方法，对本章提出的深度学习模型对安全漏洞报告检测性能进行对比分析。Peters 等[18] 提出了一种用于安全漏洞报告检测的框架 Farsec，首先提供了多种数据集中噪声数据过滤器，通过相似度计算对安全无关缺陷报告（NSBR）中与安全漏洞报告相似度较高的数据进行过滤。其次，通过四种传统文本分类算法进行安全漏洞报告检测，包括：NBM、LR，k – Nearest Neighbor 和 Random Forest。本章直接使用 Peters 等所提供的噪声过滤方法对数据进行预处理，并采用这四种分类器的分类结果作为基准方法。分类器 NBM 和 LR 在第 2 章中已进行介绍，这里对其他两种分类算法进行简单介绍。

（1）k – Nearest Neighbor （KNN）：一种简单的机器学习分类算法，其基本原理基于一个简单的假设，即在某一特征空间中，如果一个样本附近的 k 个最相似的样本中有大多数样本属于某一类别，那么这个样本也属于该类别[74]。

（2）Random Forest （RF）：由多棵分类树构成，每棵分类树都由随机的样本特征训练而成[75,76]。RF 中引入了两个随机因素，所以不易造成过拟合问题，因此，对类别不均衡的分类问题较为友好。

3.3.5　关键设置

本小节对实验中的数据设置以及关键参数设置进行介绍。

（1）数据设置。实证研究主要涉及两组数据，第一组是不对数据进行 Imbalance 处理，直接将其在深度学习模型和基准方法的四个分类器检测结果进行对比；第二组是针对正负样本 Imbalance 问题，对训练样本进行特定比例设置。

在第一组实验数据中，对每个数据集中的样本，按照正负样本分层采样的方法，将其随机分为三个部分，分别作为训练集、验证集和测试集，具体比例分配参考工业界常用的模型使用经验进行设置，训练集样本数、验证集样本数及测试集样本数的比例设置为 6∶2∶2。

第二组实验数据设置是在第一组基础之上，采用不同正负样本比例设置对每个数据集的训练样本进行预处理。首先，采用 N_{sbr} 表示安全漏洞报告（SBR）的数目，N_{nsbr} 表示安全无关缺陷报告（NSBR）的数目。对于四个小规模数据集，即 Ambari、Camel、Derby 和 Wicket，为了保持样本集本身的小规模属性，我们使用"欠采样"方法对其训练样本进行预处理，根据拟定正负样本比例设置随机选择相应数量的负样本。四个小数据集在训练样本中的比例设置为 $N_{nsbr}∶N_{sbr}=x$，$x=1$、5、10。对于大规模数据集 OpenStack，为了保持其大规模属性，我们采用"过采样"方法对训练样本进行预处理，即根据正负样本比例设置，随机对训练集中的正样本进行复制操作，使训练集中的正负样本比例满足预定设置需求——因为在数据集 OpenStack 中，其原始数据正负样本数量差距较大，约为 1∶200，倘若采用欠采样方法进行 Imbalance 问题处理，会造成大量的负样本数据被丢弃，从而损失大量有用特征信息，进而影响检测结果。

（2）关键参数设置。本章实证研究基于当前流行深度学习模型框架 PyTorch 进行代码开发。数据集 Ambari、Camel、Derby 和 Wicket 由于每个仅包含 1000 个样本，因此在实现模型训练中每个 Batch 样本数设置为较小数量 30，迭代次数（即 Epoch）为 1000；对于大规模数据集 OpenStack，每个 Batch 样本数设为 100，训练迭代次数也为 1000。学习率（Learning Rate）是深度网络配置中的一个重要的超参数，每次模型权重更新时，它会根据估计的误差来控制要更改模型的数量，实验中学习率设置为 0.01。由于安全漏洞报告检测数据集中正负样本数量差距较大，此外本章使用的数据集中有四个为小规模数据集，对于深度学习模型训练而言数量偏少，因此，我们对模型全连接层的偏执项（bias）进行了设定。全连接层公式为 $y = wx + \text{bias}$，其中 w 是权重，bias 为偏置项，是全连接层的一种重要参数。bias 可将激活功能向左或向右移动，神经网络可通过 bias 节点增加模型拟合数据的灵活性，它允许网络在所有输入特征均等于 0 时拟合数据，并且很可能会降低拟合值在数据空间中其他位置的偏差。在本章实验中，我们尝试了多组 bias 值，其中 bias = 0.2 时，所得到的分类模型在实验采用的四个小规模数据集上效果良好，所以在本章实验中，bias 值统一设置为 0.2。

3.4　实验结果和分析

3.4.1　问题 1 结果分析

问题 1：与基准方法相比，所给出的深度学习模型是否可以提升安全漏洞报告检测性能（如 F1 − score）？

为了回答问题 1，我们分别将本章设计的两个深度学习模型和基于基准方法的四个传统分类模型（即 NBM、LR、KNN 和 RF）应用于五个不同规模的数据集（即 Ambari、Camel、Derby、Wicket 和 OpenStack），为了使实验结果更为客观公正，我们对每一组实验运行 10 次，以其平均值作为最终结果；然后，通过性能评估指标对比来分析本章构建的两种深度学习模型在安全漏洞报告检测问题中的效果。为减少偏见，我们使用综合性能评估指标 F1 − score 作为主要分析依据，同时也给出其他三个性能指标（Accuracy、Recall 和 Precision）的值作为参考信息。

表 3 − 2 给出五个数据集中深度学习模型和基准方法所取得的最佳 F1 − score 值。第二列"传统分类算法"给出基准方法中四个分类器中表现最好的模型及其所取得的 F1 − score，第三列"深度学习方法"给出本章设计的两个深度学习模型中表现最好的及其对应 F1 − score 值，最后一列"F1 − score 提升"给出深度学习模型相对于最佳传统分类算法，其 F1 − score 所获得的提升值。由表中结果可以看出，五个数据集中，有四个数据集中深度学习模型的性能指标 F1 − score 优于传统分类算法。尽管在 Wicket 数据集上深度学习比传统分类算法差，这是因为 Wicket 数据集中本身所包含的正样本非常少（整个数据集中只有 10 条），因此很难得到有效的深度学习分类模型。

表 3 − 2　传统分类算法和深度学习方法的最优 F1 − score 对比

数据集名称	传统分类算法		深度学习方法		F1 − score 提升
	算法名称	F1 − score	算法名称	F1 − score	
Ambari	NB	0.1250	Attention＋TextRNN	0.6152	0.4900
Camel	LR	0.1082	TextCNN	0.6432	0.5353

续表

数据集名称	传统分类算法		深度学习方法		F1 – score 提升
	算法名称	F1 – score	算法名称	F1 – score	
Derby	NB	0.3600	Attention＋TextRNN	0.4641	0.1041
Wicket	KNN	0.0480	TextCNN 或 Attention＋TextRNN	0.0000	−0.0480
OpenStack	NB	0.2011	Attention＋TextRNN	0.4100	0.2091

为了验证深度学习方法的统计显著性，将表 3 - 2 中所给出的每个数据集上表现最佳的传统分类算法和深度学习算法分别运行 10 次并求平均值，通过深度学习模型所得到的结果与传统分类算法所得结果进行对比，计算 Wilcoxon rank - sum 检验所得 p - value 和 Cliff′s delta，结果如表 3 - 3 所示。

表 3 - 3　基于 p - value 和 Cliff′s delta 的比较结果

数据集名称	p – value	Effect Size
Ambari	＜0.05	1.000（Large）
Camel	＜0.001	1.000（Large）
Derby	＜0.05	0.721（Small）
Wicket	＜0.05	−0.745（Large）
OpenStack	＜0.05	1.000（Large）

问题 1 结论：本章设计的深度学习模型对安全漏洞报告的检测性能表现在 80％的场景中优于基准方法中的传统分类算法，不论小规模数据集（Ambari、Camel、Derby 和 Wicket），还是大规模数据集 OpenStack，深度学习模型的统计分析结果也都显著优于基准方法。

3.4.2　问题 2 结果分析

问题 2：针对安全漏洞报告检测问题，不同的训练数据正负样本比例对深度学习模型性能的影响如何？

为回答问题 2，我们根据 3.3.5 节对 Imbalance 问题的实验设置进行实验实施，即对四个小规模数据集 Ambari、Camel、Derby 和 Wicket，采用欠采样方法随机减少训练样本中的负样本数量，使其样本比例达到拟定比例设置 $N_{nsbr}:N_{sbr}=x$，$x=1$、5、10；对于大规模数据集 OpenStack，通过正样本随机复制方法提高训练样本中正样本数量，具体为对 OpenStack 数据集训练样本中的正样本进行随机复制 1 倍、2 倍和 3 倍，然后分别使用新的训练集重新训练 TextCNN 和 Attention＋TextRNN 检测模型，并通过测试集预测结果计算不同正样本复制情况下两种深度学习模型所取得的 F1 - score 值。

表 3 - 4 至表 3 - 7 是四个小规模数据集在不同正负样本比例设置下得到的实验结果展示。为了分析不同深度学习模型的迭代表现，实验过程中对两个模型在整个迭代过程中F1 - score 随着迭代次数增加的变化进行了输出，表中所给出的是 1000 次迭代中所取得的最

优 F1 - score 值及所对应的其他性能指标值，同时，在表格第三列给出了取得最优 F1 - score 值的迭代次数。不同样本比例设置中，取得最大 F1 - score 值所在行的数值进行了加粗显示。

表 3 - 4　Ambari 数据集结果

算法名称	样本比例 $(N_{nsbr} : N_{sbr})$	最佳迭代次数	Accuracy	Recall	Precision	F1 - score
TextCNN	1	50	0.8733	0.6400	0.2711	0.3811
	5	444	0.9571	0.4000	0.8333	0.5410
	10	147	**0.9661**	**0.4400**	**0.9999**	**0.6111**
Attention + TextRNN	1	13	0.9222	0.4800	0.3871	0.4292
	5	52	0.9591	0.4400	0.7861	0.5644
	10	6	**0.9661**	**0.4400**	**0.9999**	**0.6111**

表 3 - 5　Camel 数据集结果

算法名称	样本比例 $(N_{nsbr} : N_{sbr})$	最佳迭代次数	Accuracy	Recall	Precision	F1 - score
TextCNN	1	933	0.8661	0.5290	0.0844	0.1451
	5	794	0.9762	0.4122	0.4383	0.4242
	10	185	**0.9811**	**0.5290**	**0.5633**	**0.5454**
Attention + TextRNN	1	937	0.8700	0.4711	0.0780	0.1344
	5	12	0.9811	0.4122	0.5833	0.4833
	10	9	**0.9681**	**0.3533**	**0.9999**	**0.5222**

表 3 - 6　Derby 数据集结果

算法名称	样本比例 $(N_{nsbr} : N_{sbr})$	最佳迭代次数	Accuracy	Recall	Precision	F1 - score
TextCNN	1	271	0.8844	0.4322	0.3900	0.4100
	5	**31**	**0.9272**	**0.4050**	**0.6822**	**0.5080**
	10	10	0.9090	0.3511	0.5200	0.4194
Attention + TextRNN	1	18	0.8861	0.4322	0.4000	0.4164
	5	**12**	**0.9292**	**0.4594**	**0.6800**	**0.5484**
	10	8	0.8981	0.4864	0.4622	0.4744

表 3－7　Wicket 数据集结果

算法 名称	样本比例 ($N_{nsbr} : N_{sbr}$)	最好结果出现 的迭代次数	Accuracy	Recall	Precision	F1－score
TextCNN	1	449	0.0782	1.0000	0.0111	0.0222
	5	958	0.7811	0.6252	0.0293	0.0551
	10	47	**0.9880**	**0.1252**	**0.3333**	**0.1822**
Attention ＋ TextRNN	1	0	0.0233	0.9991	0.0100	0.0200
	5	0	0.0233	0.9991	0.0100	0.0211
	10	41	**0.9782**	**0.1250**	**0.0911**	**0.1050**

从表 3－4 至表 3－7 数据可以看出，在 Ambari、Camel 和 Wicket 三个数据集上，最大 F1－score 值都是在样本比例（$N_{nsbr} : N_{sbr}$）为 10 时取得的；而在 Derby 数据集中，样本比例（$N_{nsbr} : N_{sbr}$）为 5 时候取得最大 F1－scroe 值，导致这种差异的一个可能原因是 Derby 数据集中正样本所占比例比其他三个数据集要高。在四个小规模数据集中，$N_{nsbr} : N_{sbr}$ 的值越小，评估指标 Recall 得到的值越高，而评估指标 Precision 的取值却恰恰相反（越低），最终导致 F1－score 也随之减小。与原始数据集中取得结果相比（即未进行按比例采样处理的执行结果，表 3－2），"欠采样"方法对四个小规模数据集的模型检测有效性效果并不明显，仅在数据集 Wicket 上对 F1－score 有所提高。

在大规模数据集 OpenStack 上，根据实验设置要求，选择的正样本复制比例分别为 1 倍、2 倍和 3 倍，其执行结果如表 3－8 所示。对比表 3－8 和表 3－2（最后一行）数据可以看出，所采用的"过采样"方法可以明显提高 F1－score 指标取值，尤其在模型 TextCNN 中，F1－score 指标的最大取值可以从原始数据集中的 0.4100 提高到 0.6813（复制 2 倍正样本情况下），即提高了 66.17％；但是，在正样本复制 3 倍的情况下，F1－score 指标的取值则呈下降趋势。此外，在四个小规模数据集中，"欠采样"方法对 TextCNN 和 Attention＋TextRNN 模型的影响类似，所得到的性能指标值非常接近（例如，数据集 Ambari 中，在 $N_{nsbr} : N_{sbr} = 10 : 1$ 的情况下，模型 TextCNN 和 Attention＋TextRNN 所得的 F1－score 值都为 0.6111）。而在大规模数据集 OpenStack 中，对训练样本进行"过采样"处理后，模型 TextCNN 的整体表现要优于 Attention＋TextRNN。

表 3－8　OpenStack 数据集结果

算法 名称	正样本数量	最好结果出现 的迭代次数	Accuracy	Recall	Precision	F1－score
TextCNN	复制 1 倍	86	0.9971	0.6070	0.7731	0.6800
	复制 2 倍	330	0.9971	0.571	0.8422	0.6813
	复制 3 倍	23	0.9971	0.571	0.8001	0.6671
Attention ＋ TextRNN	复制 1 倍	12	0.9963	0.3212	0.8182	0.4622
	复制 2 倍	36	0.9941	0.2500	0.4671	0.3262
	复制 3 倍	6	0.9932	0.0362	0.2500	0.0631

3.4.3 问题 3 结果分析

问题 3：不同的深度学习模型的迭代表现是否相似？

深度学习需要通过多次迭代方式来提高模型学习效果。图 3 - 4 至图 3 - 7 展示了四个小规模数据集（Ambari、Camel、Derby 和 Wicket）在不同样本比例情况下，F1 - score 随迭代次数（Epoch）的增加而产生的变化。从图中可以看到，不同的样本比例下，TextCNN 随迭代的进行，F1 - score 的变化幅度都要显著高于 TextRNN，这一方面受益于 CNN 的特性，另一方面也和 Dropout 层有关。

随着迭代次数的增加（从 0 到 999，共 1000 次），模型 TextCNN 和 Attention＋TextRNN 均获得了一定的收益。TextCNN 的收益主要表现为 F1 - Score 最大值的增加、震动幅度的减小，以及部分图上 F1 - Score 取得 0 情况减少。Attention＋TextRNN 模型所获得的收益主要体现在模型稳定性的提升以及 F1 - Score 取得最大值的提高。然而，图中在迭代的后期，Attention＋TextRNN 模型所取得的 F1 - Score 几乎不再随着迭代增加而改变，而 TextCNN 仍有比较明显的收益（如震动幅度减小，0 值减少）。

此外，模型 TextCNN 和 Attention＋TextRNN 所取得的最大 F1 - Score 值均在迭代前期达到。并且，迭代变化过程中，模型 Attention＋TextRNN 的稳定性显著优于模型 TextCNN。

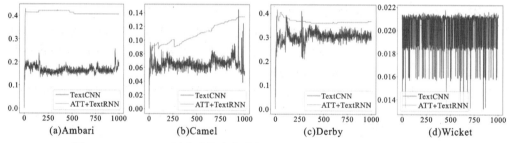

图 3 - 4　F1 - score 随着迭代次数增加的变化趋势（$N_{nsbr} : N_{sbr} = 1 : 1$）

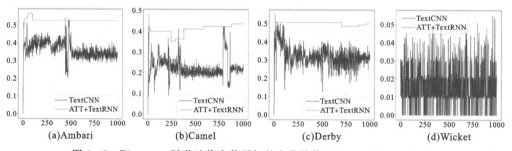

图 3 - 5　F1 - score 随着迭代次数增加的变化趋势（$N_{nsbr} : N_{sbr} = 5 : 1$）

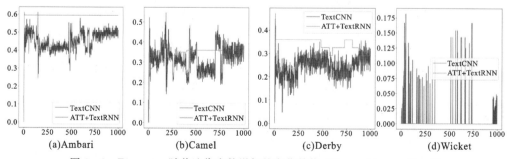

图 3 - 6　F1 - score 随着迭代次数增加的变化趋势（$N_{nsbr} : N_{sbr} = 10 : 1$）

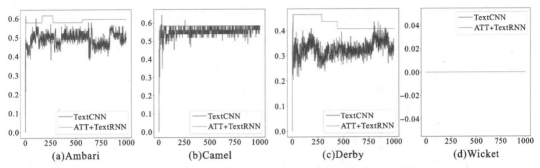

图 3 - 7　F1 - score 随着迭代次数增加的变化趋势（未采样）

3.4.4　问题 4 结果分析

问题 4：不同词嵌入方法对基于深度学习的安全漏洞报告检测模型性能影响如何？

自然语言处理中，可以通过词嵌入方法把一个维数为所有词汇数量的高维空间嵌入一个低维的连续向量空间，每个词汇都被映射为实数域上的向量。本章采用经典词嵌入方法 word2vec 中的 skip - grams 方式构建词嵌入矩阵，并将其与 PyTorch 默认的"随机生成"词向量方法进行对比，验证 skip - grams 在基于深度学习的安全漏洞报告检测中对模型检测性能的影响程度。

四个小规模数据集在不同的采样比例下使用 word2vec 和使用随机生成词向量的 F1 - score 结果进行对比，图 3 - 8 和图 3 - 9 分别为 TextCNN 和 Attention＋TextRNN 的结果，其中 N 为随机生成词向量的结果。可以看出，word2vec 在绝大多数情况下比随机生成词向量更具优势。因为 word2vec 生成的词向量可以很好地反映单词的相似程度，而相似程度又能辅助 TextCNN 和 Attention＋TextRNN 内部参数的确定。例如，如果两个没有关系的词具有相似的词向量，会给模型带来困扰，因为模型学习不到一个参数可以拟合这个关系。

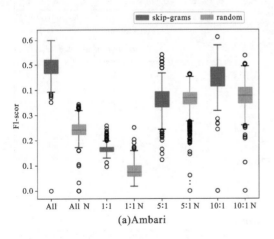

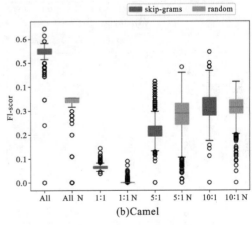

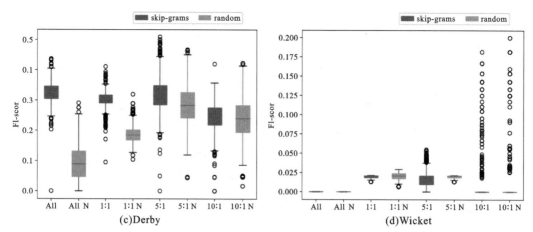

图 3-8　四个小规模数据集在不同采样比例下使用 vord2vec 和随机生成词向量对比

（注：分类模型为 TextCNN）

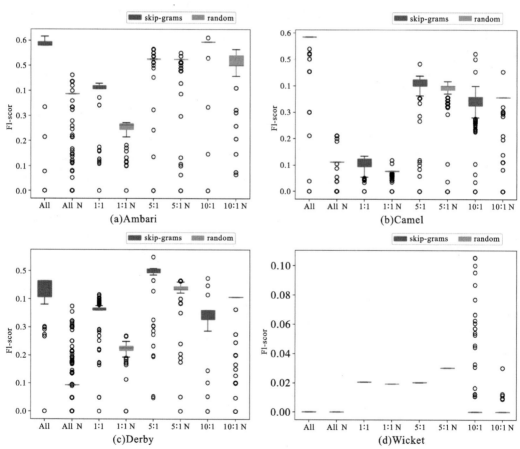

图 3-9　四个小规模数据集在不同采样比例下使用 vord2vec 和随机生成词向量对比

（注：分类模型为 Attention ＋ TextRNN）

3.5　讨论与小结

3.5.1　有效性影响因素分析

本节分析潜在的实验有效性影响因素。一个重要的内部影响因素就是代码的正确性。在本次实验中，为了减少人为因素，同时使我们的结论不受特殊实现的影响，使其具有普遍性，我们使用了深度学习中成熟且广泛使用的框架 PyTorch[77,78]，并且使用了 PyTorch 对 CNN、LSTM 等层的默认实现。此外，我们通过专家成员交互评审来保证代码的质量。

外部有效性主要涉及实验的结论是否具有一般性。这里我们选用了安全漏洞报告检测研究领域常用的四个公开数据集 Ambari、Camel、Derby 和 Wicket，这四个数据集分别来自 Apache 基金会的四个同名的经典项目，覆盖了多种软件的典型应用领域。除此之外，为了验证研究结论是否具有一般性，我们还额外选择了来自开源项目 OpenStack 的缺陷报告作为数据集。OpenStack 缺陷报告数据量大，来自多个项目，该数据集的构建（第 2 章）是基于前期对 OpenStack 缺陷报告深入分析基础上进行的，所构建数据集质量可信度较高。因此可以判断实验结论具有可靠性和代表性。

结论有效性主要指实证研究中使用的评测指标是否合理。本章使用了安全漏洞报告研究领域经常使用的多种指标：Accuracy、Recall、Precision 和 F1 - score，因此可以从多个角度对基于深度学习的安全漏洞报告检测模型性能作出客观的评价。

3.5.2　小　　结

本章工作是对基于深度学习的软件安全漏洞报告检测的初步尝试，主要基于面向自然语言处理的经典深度学习模型 TextCNN 和 TextRNN 进行漏洞报告检测模型设计，并对其应用效果在开源数据集上进行了深入实证分析。首先，进行了不同规模数据集中基于深度学习的方法和传统机器学习方法的性能对比，然后研究了不同的样本均衡比例对不同深度学习模型的性能影响；最后探究了不同深度学习模型的迭代表现以及不同词嵌入方法对模型安全漏洞报告检测性能的影响。研究使用了安全漏洞报告检测研究领域广泛使用的四个小规模数据集和基于开源 OpenStack 项目缺陷报告构建的大规模数据集作为实证研究对象，结果表明，深度学习模型的检测性能要显著优于传统机器学习模型。

》 第 4 章

数据质量对漏洞报告检测
模型有效性影响实证研究

4.1 引　言

上一章基于深度学习的漏洞报告检测研究表明，基于神经网络的深度学习方法在一定程度上可以提升安全漏洞报告检测有效性。但是，其最优情况下，F1 - score 也仅达到 0.68（在 OpenStack 数据集中），这距离理想值（F1 - score 为 1）依然存在很大改进空间，依然难以投入实际工程项目应用中。

本章主要探究导致安全漏洞报告检测模型性能表现不佳的原因，发现其中一个不可忽视的原因为数据集标签的质量。Peters 和 Shu 等使用的五个公开可用的数据集为 Ambari、Camel、Derby、Wicket 和 Chromium，正如 Peters 等指出，在这五个数据集中存在被错误标记的数据（一些安全漏洞报告 SBR 被误标为 NSBR），例如，在 Chromium 中，存在与内存泄漏和空指针问题相关的缺陷报告被标记为 NSBR，但是实际工业界发生的漏洞攻击事件表明，内存泄漏和空指针问题属于经典软件漏洞类型，经常被黑客利用[18]，并被列为 2020 年 Top 25 种最危险的 CWE（Common Weakness Enumeration①）漏洞类型。

图 4 - 1 显示了 Chromium 中标记错误的实例的三个示例，能够证明该缺陷属于安全漏洞相关的描述文字被显示为红色。此外，Peters 和 Shu 等采用的方法比较复杂并耗时，例如，Shu 等[1] 为分类器使用超参优化方法，在 Chromium 数据集上，分类器 RF 参数优化耗时约 5 个小时，而根据 Liu 等的建议[81]，解决问题中一个好的习惯和做法是探索简单而有效的方法。因此，本章研究中除了采用 Peters 和 Shu 提供的基准方法之外，还探索了简单文本分类对安全漏洞报告检测的有效性。

ID &Title	Issue-1643: The memory leak in the root process	Issue 16036 : Alsa Audio Output leaks on shutdown	Issue 3795: Check: CrashForBitmapAllocationfailure()
Description	After several days of usage the root process allocated 1.6GiB of memory. And this process could not be restarted or selectively killed. The root process must not leak the memory or it should be easily restartable picking existing page processes after restart. Fro example page navigation could be done by the separate child process. That respawns if it dies. 1.6GiB is allocated.	Audio Output Stream's shutdown code does not correctly delete the output stream object after the thread is shutdown. This causes a resource leak. Because the data source has been modified to be non-blocking we should now remove the per-stream output thread and use a single message loop over all output streams for writing audio data.	I don't know what we can do other than look for GDI leaks. This is a common crash in 154.6 albeit with very little data so far. ... If we run out of GDI objects or some other error occurs we won't get a // bitmap here. This will cause us to crash later because the data pointer is NULL. To make sure that we can assign blame for those crashes ...

图 4 - 1　Chromium 数据集中 SBR 被误标为 NSBR 的示例（彩图请扫书后二维码）

4.2 相关工作

本章研究内容基于两项最新研究工作，为了便于后续研究内容阐述，本节首先对这两篇论文的工作进行简要介绍。

Farsec 框架： Peters 等首先指出了五个公开的安全漏洞报告分析数据集（即 Chromium、Ambari、Camel、Derby 和 Wicket）中存在标签误标的问题。为此，他们设计了一个名为 Farsec 的数据过滤框架，通过从 NSBR 中过滤掉噪声数据，并使用安全关键词矩阵扩展文本挖掘方法来改善安全漏洞报告检测有效性。Farsec 的具体过程包括三个主要步骤。

① CWE：2020. https://cwe.mitre.org/.

（1）识别安全关键词并生成安全关键词矩阵。首先，将每个数据集中的安全漏洞报告（SBR）进行分词处理；然后，根据安全关键词和缺陷报告，计算每个词的 tf-idf 值，并将 tf-idf 值最高的前 100 个词作为安全关键词；之后，对训练集和测试集中的每个缺陷报告计算安全关键词的词频，并分别生成训练集和测试集的安全关键词矩阵。

（2）使用安全关键词过滤非安全漏洞报告（NSBR）中的噪声数据。Farsec 过滤的目的是删除 NSBR 中与安全关键词密切相关的缺陷报告，为此，他们设计了七个不同的过滤器：farsec、farsecsq、farsectwo、clni、clnifarsec、clnifarsecssq 和 clnifarsectwo，表 4-1 给出了这些过滤器的简要说明。通过将每个过滤器应用于每个数据集的训练集，为每个数据集生成了七个新的训练集，并分别用于机器学习分类模型训练。

（3）对缺陷报告进行排序。在使用机器学习模型进行安全漏洞报告检测之后，基于集成学习生成了已排序的缺陷报告列表，检测结果中是安全漏洞报告的概率较高的缺陷报告会更接近排序列表的顶部。

表 4-1 Peters 等研究中使用的七个过滤器

过滤器（filter）	说明
Farsec	不应用任何支持函数
Farsecsq	对 SBR 中单词频率应用 Jalali 等[29] 提出的支持函数
Farsectwo	使用 Graham 版本（词频乘以 2）
Clni	使用过滤器 CLNI（Closet List Noise Identification）
Clnifarsec	将 CLNI 应用于 Farsec 过滤之后的数据
Clnifarsecsq	将 CLNI 应用于 Farsecsq 过滤之后的数据
Clnifarsectwo	将 CLNI 应用于 Farsectwo 过滤之后的数据

Shu 等超参优化：在机器学习中，模型参数指示训练数据的属性。超参数优化是在模型中搜索最优参数的最佳值的过程[82]。Shu 等通过应用超参数优化方法提高了安全漏洞报告检测的性能。他们基于 Peters 等的研究工作，使用差分遗传算法（Differential Evolution，DE）分别对分类器和数据分类不均衡采样方法 SMOTE 的参数进行优化。例如，他们通过调整 RF 中的参数 n_estimators 来改善 RF，其默认值是 10，调整范围设置为 10~150；调整 SMOTE 中的邻居数量（即参数 k），默认值为 5，调整范围设置为 1~20。表 4-2 给出了研究中的超参数和调整分类器 RF 及过采样方法 SMOTE 的设置。

表 4-2 超参优化参数设置-RF 和 SMOTE

对象	优化目标参数			DE 参数			
	参数	默认值	优化范围	NP	F	CR	ITER
RF	n_estimators	10	[10, 150]	60	0.8	0.9	3, 10
	Min_samples_leaf	1	[1, 20]				
	Min_sample_split	2	[2, 20]				
	Max_leaf_nodes	None	[2, 50]				
	Max_features	auto	[0.01, 1]				
	Max_depth	None	[1, 10]				

对象	优化目标参数			DE 参数			
	参数	默认值	优化范围	NP	F	CR	ITER
SMOTE	k	5	[1, 20]	30	0.8	0.9	10
	m	50%	[50, 400]				
	r	2	[1, 6]				

4.3　研究问题

我们的研究旨在回答以下两个研究问题：

问题 1：数据发现集标签正确性在多大程度上影响分类模型的性能？

我们在 Clean 的数据集和嘈杂的数据集上对分类模型的性能进行了实验评估。我们首先使用人工标记纠正五个数据集的标签错误记录，并获得五个 Clean 的数据集。

Peters 等的评估中，我们将五个 Clean 的数据集分别划分为两个相等的部分，作为训练集和测试集。然后，执行 Peters 和 Shu 等提出的方法。在 Clean 的数据集和 Noise 数据集上获取其性能值。最后，通过比较基准方法在 Clean 数据集和 Noise 数据集上性能表现（如 F1 - score 等）来评估数据集质量对模型有效性的影响。结果表明，在 Clean 数据集上，三种基准方法的性能始终优于在 Noise 数据集上。平均而言，Recall、Precision、F1 - score 和 G - measure 分别增加了 173%、157%、316% 和 150%。

问题 2：简单文本分类在 Clean 和 Noise 数据集上安全漏洞报告检测性能表现如何？

之所以提出 RQ2，是因为用于安全漏洞报告检测的缺陷报告的主要内容是使用文本自然语言进行描述。此外，已有许多专注于缺陷报告分析的工作都将文本分类与机器学习结合使用。本章实验中运行了 Peters 等应用的所有五种分类算法（即 RF、NB、KNN、MLP 和 LR）在 Clean 和 Noise 数据集上进行简单的文本分类，结果发现，这些模型在 Clean 数据集的整体性能值（即 Recall、Precision、F1 - score 和 G - measure）远高于在 Noise 数据集上。此外，在 Clean 的数据集上，使用文本分类的随机森林的性能值（即 Recall、Precision、F1 - score 和 G - measure）比基于安全关键词矩阵的基准方法的性能要好得多。最后，进一步分析 Farsec 性能不佳的原因、超参优化方法的时间成本以及研究意义。结果表明，数据标签正确性对于分类模型的性能非常重要，并且简单文本分类比精心设计的基于矩阵的基准方法对安全漏洞报告检测更为有效。

4.4　数据标记方法

数据标记是一项非常耗时的工作，由于安全缺陷标记需要专业领域知识，正确标记安全漏洞报告并非易事。Peters 和 Shu 等使用的五个数据集为 Chromium、Ambari、Camel、Derby 和 Wicket。本节中分别介绍原始噪声（Noise）数据集和本章工作生成的干净（Clean）数据集的标注方法。

4.4.1 Noise 数据集标记方法

Chromium 数据集：Chromium 数据集包含 40 940 个缺陷报告。其安全漏洞报告标签最初由缺陷提交者标记，其中许多与 CVE 条目相关。例如，编号为 Issue 34495 和 Issue 34498 的记录分别与 CVE - 2010 - 0048 和 CVE - 2010 - 0052 相关。鉴于 CVE 数据的权威可靠性，Chromium 数据集中的这些安全漏洞报告标签是可靠的。然而，正如 Peters 等指出，在 Chromium 数据集中仍然有许多隐藏的安全漏洞报告（SBR）被误标为安全无关缺陷 NSBR。事实上，对于开源项目，这是一个很常见的问题，因为此类项目的许多缺陷报告都是由最终用户提交的，而最终用户很少是专业的软件安全人员。

四个 Apache 数据集：Ohira 等最初从缺陷跟踪系统 JIRA 收集了 Apache 项目 Ambari、Camel、Derby 和 Wicket 的数据集。JIRA 中的问题单有多种类型，例如，缺陷（Bug），改进（Improvement），文档（Document）和任务（Task）。Ohira 等从每个项目随机选择 1000 个类型为 Bug 或 Improvement 的缺陷报告，通过研究生和教职员工人工审查的方式标记了这 4000 个问题单。他们针对这些问题标记了六种具有高影响力的类型（例如，安全性，性能和破坏性缺陷），具体操作如下：

（1）对于每一个给定项目，由一名学生和一名教职人员人工为每个问题单添加标签。

（2）对于标签结果不一致的情况，标记该数据的学生和教人员共同讨论分歧直到达成一致的结果。

如 Ohira 等所描述，对于安全性、性能和破坏类别的缺陷，由于尚无明确的定义，这些问题的判断方式有所不同，需要很大程度依赖于人工专家经验。这也是导致数据集中存在 SBR 误标为 NSBR 的原因。导致标签错误的另一个可能原因是标注人员缺乏足够的软件安全性相关知识。例如，如果某个软件产品由于空指针引用而引发异常，则没有足够安全知识的缺陷报告者可以将该缺陷报告为 NSBR。但是，空指针可能会被黑客利用，空指针的解引是 CWE 排名在前 25，该问题的发生可能对软件系统造成严重的后果。

4.4.2 Clean 数据集标记方法

数据审查旨在从五个数据集中识别被错误标记为 NSBR 的 SBR。为了保证人工标记结果的质量，我们不仅安排了经验丰富的软件安全专家，而且还制定了特定的人工审核流程。

首先以 CWE 定义的软件漏洞类型为基础，并生成一本 Codebook 作为判断缺陷报告是否为 SBR 的准则。

软件安全漏洞形成的因素多种多样，根据诱因的不同，可将常见的软件漏洞分为整数溢出漏洞、缓冲区溢出漏洞、逻辑错误漏洞等。根据漏洞攻击方式不同，可将软件安全漏洞划分为 SQL 注入、目录遍历、越权访问等。随着软件开发过程的改进和各种新技术的引入，软件安全漏洞的形态也越来越复杂和多样化，从最初的栈溢出和堆溢出等溢出型漏洞，到跨站脚本、SQL 注入等网页漏洞及 HeartBleed 等敏感数据泄露漏洞等[83]。软件安全漏洞分类对于智能化软件安全漏洞分析和检测意义重大，因为不同类型的软件漏洞，其代码特征、表现形式，利用机理，以及漏洞触发产生的后果等都不尽相同。国际通行的通用缺陷列表 CWE 是社区开发的常见软件和硬件中与安全相关的缺陷类型的列表。包括系统实现、代码、设计及体系结构中的缺陷、故障、错误、漏洞等问题，这些问题如果不加以解决，可能导致系统、网络、硬件受到攻击。CWE 面向开发人员和安全从业人员,其主要目标是通过对软件和硬件架构师、设计师和程序员进行教育,从源头上阻止漏洞,并掌握如何在交付软件和硬件之前消除最常见的错误。最终,使用 CWE 以减少困扰软件和硬件行业的各种安全漏洞的发生,以降低各企业面临的风险。

　　CWE 对软件安全漏洞类型的划分围绕软件开发中经常使用或遇到的概念进行,涉及软件开发生命周期的各个方面,旨在提供一种简化的漏洞导航、浏览和映射关系。CWE – 699 (SoftwareDevelopment)为软件开发漏洞顶级类别,其下一级类别有 40 多个,如图 4–2(a)所示,其中许多类型都是软件系统中常见的安全漏洞类型,例如,内存缓冲区错误 CWE – 1218 (Memory Buffer Errors)、权限管理问题 CWE – 275 (Permission Issues)、不良编码习惯 CWE – 1006 (Bad Coding Practice) 等。这些类别下又包含多个子类,例如,漏洞类型 CWE – 1228 (API/Function Errors) 和 CWE – 1210 (Audit/Logging Errors) 又被分别划分为 7 个不同的子漏洞类型,如图 4–2 (b) 所示,这些叶节点类别通常从漏洞的行为、属性、采用的技术,以及编程语言和资源这几个维度对漏洞进行描述,具有足够详细的信息以提供漏洞检测和预防的特定方法。

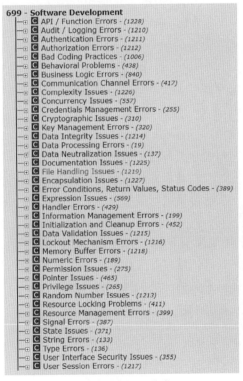

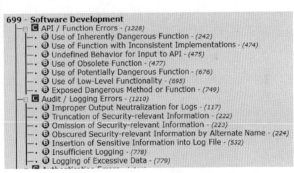

(a)软件漏洞一级分类　　　　　　　(b)API/Function Errors所包含的子类

图 4–2　CWE 中软件安全漏洞类型划分

　　CWE 中所定义的软件开发相关漏洞类型较多（约 400 多个叶节点）,不同的安全漏洞类型对实际项目造成的危害程度及漏洞的发生频率等不尽相同。为帮助系统涉众（开发人员、测试人员、用户、项目经理、安全研究人员及教育工作者）深入了解当前最严重的安全漏洞,自 2009 年起,CWE 团队提出 Top 25 最危险漏洞类型（Top 25 Most Dangerous CWEs）的概念,通过分析已收录的软件系统漏洞,计算出危害程度最高的前 25 个 CWE 漏洞类型。例如，图4-3展示了CWE网站公布的2020年Top 25最危险漏洞类型，该数据是CWE团队根据过去两年美国国家标准技术研究院（National Institute of Standards and Technology，NIST）的国家漏洞数据库（National Vulnerability Database，NVD）中记录的软件漏洞数据，以及CVSS（Common Vulnerability Scoring System）得分，计算出2020年危害程度最高、影响力最强的前25个CWE漏洞类型。这些软件安全漏洞通常很容易被发现和利用，并且，可以导致攻击者完全接管系统，进而窃取系统机密数据或阻止应用程序正常工作。

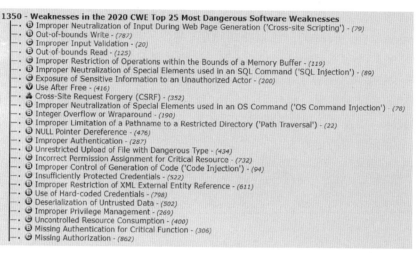

图4-3 2020年Top 25最危险的CWE漏洞类型

1. 标记人员

我们有六名样本标记人员，其中有两名博士生，他们在软件安全方面具有四年以上学术研究经验；另外四名是华为公司经验丰富的开发人员，他们具有四年以上的安全关键软件产品开发/测试经验。表4-3从四个维度对数据标记人员的背景进行简要描述：①在单位中的角色（列"角色"）；②实际开发或者测试经验（列"开发/测试"）；③对所标记项目（或者同类型项目）的熟悉程度（列"项目"）；④安全缺陷漏洞分析经验（列"软件安全"）。为了使得表述更加客观公正，我们通过标记人员在每个评估维度的工作时间（年）来进行描述。此外，表格最后一列"备注"中提供了关于该标记人员的一些关键补充信息。

表4-3 六名数据标记人员的背景

标记人员编号	角色	经验/年			备注
		开发/测试	项目	软件安全	
A1	高级开发	15	3	3	具有Hadoop相关产品开发经验，熟悉Apache产品Ambari、Camel、Derby和Wicket
A2	高级开发	8	4	1	擅长Web项目开发，Chromium项目开发志愿者
A3	测试主管	11	5	6	5年安全测试经验，负责项目缺陷报告分析，CVE、CWE数据跟踪

续表

标记人员编号	角色	经验/年			备注
		开发/测试	项目	软件安全	
A4	中级测试	4	3	4	熟悉模糊测试、渗透测试
A5	博士生	3	2	4	3 年 Web 项目测试工作经验，当前研究方向为软件安全漏洞分析
A6	博士生	0	2	4	研究方向为安全漏洞挖掘、获得国内国际各种安全竞赛奖金超过人民币 20 万元

注：其中 4 名来自企业，2 名为在读博士生

2. Codebook 生成

类似 Viviani 等工作，我们首先生成了一个 Codebook，以在开始人工审核之前指导标记过程。通过检查五个数据集的 351 个最初标记的 SBR，开发了此 Codebook。六名标记人员分别独立审阅这 351 个安全漏洞报告，并独立生成一个 Coodebook，该 Codebook 包含两类信息。

（1）判断该缺陷报告为 SBR 的原因。标记人员需要根据其经验和专业知识，记录为什么该缺陷报告被判定为安全漏洞相关（SBR），建议对缺陷发生可能导致的安全风险或者后果进行该项描述。

（2）判断缺陷报告为 SBR 的依据。即便在安全漏洞报告中，大量的文字片段往往是与安全无关的，因此，标记人员需要摘选出缺陷报告描述中能够表明该缺陷是与安全相关的依据，并进行记录。

之后，审阅相同数据的成员对各自生成的 Codebook 进行合并，并删除重复的描述内容，该 Codebook 将被作为后续缺陷报告标记的指南。图 4-4 给出所生成 Codebook 的示例片段。

判断为SBR的原因	依据（单词/句子）	缺陷 ID
sensitive data leakage or exposure	• OWASP has some suggestion on how to make it harder for an attacker to crack hashed passwords, service doesn't follow all the suggestions. It doesn't add a random salt and it only performs the hash operation once	Derby-5539
	• password leakage; a problem with the display password	Chromium-1758
	• you can consider adding the master password	Chromium-1785
	…	…
might cause system crash or denial of service attack	• memory corruption vulnerability in Chrome,track down the root cause as this seems to be exploitable	Chromium-11308
	• memory corruption on dragging file to a new tab	Chromium-12027
	• wrong cache causes no storage damage	Chromium-27509
	…	…
…		

图 4-4　Codebook 示例片段

3. 人工标注和卡片分类

基于 CWE 软件漏洞类型和 Codebook，我们借助卡分类法进行人工审核，即每个缺陷报告均由至少三个不同的标记人员独立审核和标记。每个数据集由两名来自企业的标记人员

和一名博士生进行标记，根据标记人员的背景和所需标注项目匹配情况，标记人员 A1、A4 和 A6 审阅数据集 Ambari、Camel、Derby 和 Wicket；而标记人员 A2、A3 和 A5 审阅数据集 Chromium。最终，每条缺陷报告产生三张卡片，对于所有五个数据集，总共获得 137 820 张标记卡片。通过计算 Fleiss's Kappa 系数来度量三名标注人员标记结果一致性。

4.4.3 Clean 数据集标记结果

根据人工标记结果，所有五个数据集的 Fleiss Kappa 级别均为 "Substantial" 或 "Almost Perfect"，这表明标记者之间的一致性较高。针对每个数据集 Chromium、Ambari、Camel、Derby 和 Wicket，分别识别出 616、27、42、91 和 37 个新识别的安全漏洞报告。大多数已识别的安全漏洞报告是明显的安全问题，可以与特定的 CWE 类别匹配。例如，图 4-5 显示了从 Ambari 识别出的四个安全漏洞报告（SBR），这些均指的是不正确的内存处理，并且属于 CWE-119（内存缓冲区范围内的操作限制不当），它是严重程度排名第一的漏洞类型，在 CVE 中，截至 2019 年底内存溢出漏洞已增至 12 000 多条记录。其中，2018 年上半年，Web 浏览器 Firefox 和 Chromium 中报告了 680 多条内存泄漏的漏洞。这些问题表明系统在内存缓冲区上执行操作。但是，它可以从缓冲区的预期边界之外的存储位置读取或写入数据。

ID	Snippets of Title & Description
2534	Some memory configs are set to -1 in ambari-mapred.cluster.reduce.memory.mb-... the stack definition to put default values as appropriate.
3135	Out of memory issues with Request API on large cluster Number of ExecutionCommandEntity objects keep growing and result in Out of memory on large cluster (100 nodes)....
3675	The default value of 'Default virtual memoryfor a job's map-task' ... Warning hint says 'Must contain digits only' Value depends ...
6640	Memory leaks during tabs switching on 'Customize Services' page Steps: ... Result: firefox browser gets 1.2 GB in memory.

图 4-5 Ambari 的 NSBR 中存在的内存管理相关安全漏洞

图 4-6 显示了在 Camel 中标识的四个与空指针引用相关的安全漏洞报告。这些安全漏洞报告属于 CWE-465（Pointer Issues），当应用程序取消引用它期望有效但为 NULL 的指针时会发生，通常会导致崩溃或退出。识别空指针问题对于软件安全至关重要，因为空指针解引只是在应用程序崩溃（最佳情况下）或获得攻击者特权访问计算机之前的一步。

ID	Snippets of Title & Description
286	NullPointerException in CXF routes when there is an endpoint between router and service CXF endpoints. When an endpoint is added between a cxf router ...
410	When you configure your route builder and say you want to configure two exceptions lets say: NullPointer and Exception...
2798	Aggregation raises NullPointerException if last file in batch is not to be aggregated...
3343	CxfRs Invoker produces NullpointerException when no ContinuationProvider is set in the InMessage. In my usage of ...

图 4-6 Camel 的 NSBR 中存在的空指针引用相关漏洞

对于标记结果不一致的缺陷报告，标记者将组织一次面对面的审核会议以进行讨论，直到获得一致的结果为止。相比之下，我们标记的数据集比原始数据集更干净。因此，我们将标记数据集称为 Clean 数据集，将原始数据集称为 Noise 数据集。

表 4 - 4 显示了 Noise 数据集及我们的 Clean 数据集的分布。在 Noise 数据集的五个数据集中，只有一小部分缺陷报告标记为 SBR。SBR 的百分比范围为 0.45％～8.80％。Clean 数据集的 SBR 百分比范围为 1.93％～17.90％。特别是对于大型数据集 Chromium，我们识别了 616 个 SBR，在 Noise 的数据集中被标记为 NSBR、SBR 的百分比增加了 320％。

表 4 - 4　六个数据集 Clean 和 Noise 两个版本样本分布

数据集	# BR	SBR		NSBR	
		# Noise	# Clean	# Noise	# Clean
Chromium	41 940	192 (0.46％)	808 (1.93％)	41 784 (99.54％)	41 132 (98.07％)
Ambari	1000	29 (2.90％)	56 (5.60％)	971 (97.10％)	944 (94.40)
Camel	1000	32 (3.20％)	74 (7.40％)	968 (96.80％)	926 (92.60％)
Derby	1000	88 (8.80％)	179 (17.90％)	912 (91.20％)	821 (82.10％)
Wicket	1000	10 (1.00％)	47 (4.70％)	990 (99.00％)	953 (95.30％)

4.5　实验设置

在本节中，我们介绍了先前研究提出的基准方法（即 Peters 和 Shu 等）。之后，我们描述用于研究问题 2 的简单文本分类的设置。最后，介绍了我们的分类器及性能评估指标。

4.5.1　基准方法

本章使用 Peters 和 Shu 等提出的方法作为基准方法（已在 4.2 节中介绍），以此验证数据标签正确性对安全漏洞报告检测有效性的影响。类似于 Farsec 命名规则，基于 Shu 等的工作，我们从中获得了两个基准方法，因为他们的研究中分别调整了分类器和 SMOTE 的超参数。由于他们直接使用 Farsec 工作得到的基于 Top 100 安全相关词汇的词频矩阵作为训练集和测试集，因此将调整分类器参数的方法命名为 $Farsec_{Learner}^{Tuned}$，将调整 SMOTE 参数的方法命名为 $Farsec_{Smote}^{Tuned}$。

三个基准方法简要描述如下。

（1）Farsec：用于对缺陷报告进行过滤和排序，以减少与安全相关的关键词的出现。在拟合检测模型之前，Farsec 会生成安全关键词矩阵，并使用具有不同过滤器的安全相关关键词来删除非安全缺陷报告（见表 4 - 1）。我们在实验研究中使用 farsectwo 过滤器，因为在 Peters 等的研究中，五个数据集 80％ 情况下 farsectwo 都能取得最佳检测结果。

（2）$Farsec_{Learner}^{Tuned}$：使用 Farsec 已处理的安全关键词矩阵文件作为输入（即训练集和测试集），并使用差分进化算法对每个分类算法的关键参数进行调整（具体设置见表 4 - 2），使分类算法在主要性能指标 F1 - score 取得最优值。

（3）$Farsec_{Smote}^{Tuned}$：使用已处理的安全关键词矩阵文件作为输入（即训练集和测试集），并通过差分演化调整 SMOTE 的关键参数。客观地说，我们直接使用 Shu 等共享的源代码。

并保持所有参数设置（即关键参数，默认值和每个关键参数的调整范围）在工作中。这三个基准方法在研究中应用了相同的分类算法（RF、NB、KNN、MLP 和 LR）和数据集（Ambari，Camel，Derby，Wicket 和 Chromium）。

4.5.2 简单文本分类

这三种基准方法使用前 100 个安全词矩阵来构建分类模型。这与普通文本分类不同。本章实证研究中还将简单文本分类作为另一种方法用于我们的实验评估，因为它在大多数缺陷报告分析中都很流行并得到广泛应用。算法实现使用机器学习包 Scikit - learn 中集成的基本文本预处理方法 CountVectorizer 和 SelectFromMode 对缺陷报告 Description 的文本进行预处理，以进行文本标记化和缩小维度。SelectFromModel 是一种功能选择方法。它评估特征重要性并根据重要性权重选择特征。它是一种元变压器，可以与具有 coef 或特征重要性属性（表示分配给特征的权重）的任何估计器一起使用。如果相应的系数或特征重要性值低于提供的阈值，则认为这些特征不重要并将其删除。除了通过数字指定阈值之外，还有一些内置的启发式方法，可使用字符串参数查找阈值。可用的启发式方法包括平均值，中位数和浮点倍数，例如，"$0.1 \times mean$"。我们使用 CountVectorizer 和 SelectFromModel 的参数的默认值。

尽管简单文本分类（使用 CountVectorizer 和 SelectFromMode）的预处理结果是一个矩阵，但此矩阵与 Farsec 中生成的安全关键词矩阵不同。Farsec 的安全关键词-矩阵行是从训练集中的 SBR 提取的前 100 个词条，而通过简单文本分类生成的矩阵行是使用训练集中所有缺陷报告的词条生成的。

4.5.3 分类器和性能指标

为了使评估结果具有客观性，实验中使用了 Peters 等所采用的分类器和性能指标。

分类器：为了保证实验的客观公平，本章实证研究中直接使用 Peters[18] 和 Shu 等[1] 使用的五个分类器，即 RF、NB、KNN、MLP 和 LR。但是，为了使比较过程更加简明，在针对 RQ1 的实验中，本研究仅使用分类器 RF，因为 RF 是基准方法 Farsec 的实验结果中表现最优的分类器之一，并且已有研究[1,6] 表明 RF 在软件工程大数据挖掘中性能表现良好。

性能指标。为了使得对比结果更加全面，本章使用 Peters 和 Shu 等工作中所采用的所有性能评估指标，具体包含：Recall、pf、Precision、F1 - score 和 G - measure，这些指标也是采用机器学习方法进行软件工程数据挖掘中常用的模型性能评估指标[20,28,81]。

4.5.4 数据集设置

为了确保比较的公平性，本章采用基准方法 Farsec 所采用的方式对训练集和测试集进行划分，即首先将每个数据集按时间顺序进行排列，然后将其分为两个相等的部分（即 50% 和 50%）。前半部分作为训练集，而后半部分用作测试集，这与实际项目环境中的应用场景一致，因为在实际项目中，往往需要使用已积累的标记样本数据对项目新产生的数据进行检测。Shu 等的两个基准方法（即 $Farsec_{Learner}^{Tuned}$ 和 $Farsec_{Smote}^{Tuned}$）也遵循此数据集划分方式，因为它们直接使用了 Peters 等处理的安全关键词矩阵文件。

4.6　实验结果与分析

4.6.1　问题 1 结果分析

问题 1：数据集标签正确性在多大程度上影响分类模型的性能？

为回答问题 1，我们分别在 Noise 和 Clean 数据集使用分类器 RF 执行三个基准方法（即 Farsec，$Farsec_{Learner}^{Tuned}$ 和 $Farsec_{Smote}^{Tuned}$）。实验结果如表 4-5 所示，总体而言，三个基准方法在 Clean 数据集上的性能表现要优于在 Noise 数据集。在 Noise 数据集上，三个基准方法在 Recall、Precision、F1-score 和 G-measure 取得的平均值分别为 0.22、0.13、0.1 和 0.28。在 Clean 数据集中，三个基准方法在 Recall、Precision、F1-score 和 G-measure 取得的平均值分别达到 0.54、0.35、0.39 和 0.63。

将基准方法在 Clean 与 Noise 数据集的性能值进行比较，可以得到如下结论。

（1）三个基准方法在 Clean 数据集（Clean 列）获得的 Recall、Precision、F1-score 和 G-measure 要比在 Noise 数据集（Noise 列）上好得多。性能指标 Recall、Precision、F1-score 和 G-measure 的平均值分别增加了 173%、157%、316% 和 150%。

（2）三个基准方法在 Clean 数据集获得的 Recall、Precision、F1-score 和 G-measure 的最大值明显高于在 Noise 数据集上获得的值。

> **结论 1**：对于同一分类器，Clean 数据集的性能要比 Noise 数据集的性能高得多。平均而言，性能指标 Recall、Precision、F1-score 和 G-measure 分别增加了 173%、157%、316% 和 150%。

表 4-5　三个基准方法使用分类器 RF 在 Noise 和 Clean 数据集上的性能表现

数据集	方法	Recall		pf		Precision		F1-score		G-measure	
		Noise	Clean	Noise	Clean	Noise	Clean	Noise	Clean	Noise	Clean
Chromium	Farsec	0.02	0.66	0.00	0.00	0.50	0.95	0.03	0.78	0.03	0.79
	$Farsec_{Learner}^{Tuned}$	0.07	0.67	0.00	0.00	0.36	0.94	0.12	0.78	0.13	0.80
	$Farsec_{Smote}^{Tuned}$	0.73	0.80	0.17	0.07	0.02	0.22	0.05	0.35	0.78	0.86
Ambari	Farsec	0.14	0.50	0.03	0.07	0.07	0.19	0.10	0.28	0.25	0.65
	$Farsec_{Learner}^{Tuned}$	0.00	0.56	0.00	0.06	0.00	0.23	0.00	0.33	0.00	0.70
	$Farsec_{Smote}^{Tuned}$	0.57	0.44	0.10	0.06	0.07	0.19	0.13	0.26	0.70	0.60
Camel	Farsec	0.06	0.33	0.01	0.12	0.20	0.21	0.09	0.26	0.11	0.48
	$Farsec_{Learner}^{Tuned}$	0.11	0.24	0.06	0.05	0.07	0.33	0.28	0.28	0.20	0.38
	$Farsec_{Smote}^{Tuned}$	0.11	0.33	0.10	0.13	0.04	0.20	0.06	0.25	0.20	0.47
Derby	Farsec	0.40	0.84	0.13	0.54	0.22	0.27	0.29	0.41	0.55	0.60
	$Farsec_{Learner}^{Tuned}$	0.50	0.69	0.23	0.44	0.16	0.27	0.25	0.39	0.61	0.62
	$Farsec_{Smote}^{Tuned}$	0.52	0.60	0.19	0.25	0.21	0.37	0.30	0.45	0.64	0.67

续表

数据集	方法	Recall		pf		Precision		F1 - score		G - measure	
		Noise	Clean	Noise	Clean	Noise	Clean	Noise	Clean	Noise	Clean
Wicket	Farsec	0.00	0.52	0.00	0.05	0.00	0.34	0.00	0.41	0.00	0.67
	Farsec$_{Learner}^{Tuned}$	0.00	0.52	0.00	0.08	0.00	0.24	0.00	0.33	0.00	0.67
	Farsec$_{Smote}^{Tuned}$	0.00	0.39	0.02	0.05	0.00	0.26	0.00	0.32	0.00	0.55
Average	Farsec	0.12	0.57	0.03	0.16	0.20	0.40	0.10	0.43	0.19	0.64
	Farsec$_{Learner}^{Tuned}$	0.14	0.54	0.06	0.13	0.12	0.40	0.09	0.42	0.19	0.63
	Farsec$_{Smote}^{Tuned}$	0.39	0.51	0.11	0.11	0.07	0.25	0.11	0.33	0.46	0.63
	All	0.22	0.54	0.07	0.13	0.13	0.35	0.10	0.39	0.28	0.63

4.6.2　问题2结果分析

问题2：简单文本分类方法在 Clean 数据集上的性能表现如何？

采用简单文本分类方法分别在 Clean 数据集和 Noise 数据集上执行五个分类算法（即 RF、NB、MLP、LR 和 KNN），其结果如表 4 - 6 所示。

表 4 - 6　简单文本分类算法在 Clean 和 Noise 数据集性能表现

数据集	分类器	Recall		pf		Precision		F1 - score		G - measure	
		Noise	Clean	Noise	Clean	Noise	Clean	Noise	Clean	Noise	Clean
Chromium	RF	0.06	0.72	0.00	0.00	0.88	0.92	0.11	0.81	0.11	0.84
	NB	0.41	0.66	0.02	0.04	0.12	0.29	0.18	0.40	0.58	0.79
	MLP	0.14	0.49	0.00	0.00	0.35	0.71	0.20	0.58	0.24	0.66
	LR	0.12	0.58	0.00	0.00	0.25	0.84	0.16	0.69	0.22	0.73
	KNN	0.12	0.58	0.00	0.00	0.25	0.84	0.16	0.69	0.22	0.73
Ambari	RF	0.29	0.25	0.01	0.02	0.22	0.31	0.25	0.28	0.44	0.40
	NB	0.00	0.44	0.02	0.02	0.00	0.39	0.00	0.41	0.00	0.60
	MLP	0.29	0.38	0.03	0.02	0.11	0.38	0.15	0.38	0.44	0.54
	LR	0.14	0.25	0.02	0.01	0.10	0.40	0.12	0.31	0.25	0.40
	KNN	0.14	0.25	0.02	0.01	0.10	0.40	0.12	0.31	0.25	0.40
Camel	RF	0.00	0.37	0.00	0.00	0.89	0.00	0.52	0.00	0.54	
	NB	0.11	0.30	0.04	0.05	0.09	0.37	0.10	0.33	0.20	0.46
	MLP	0.00	0.20	0.01	0.03	0.00	0.43	0.00	0.27	0.00	0.33
	LR	0.06	0.15	0.00	0.02	0.33	0.39	0.10	0.22	0.11	0.26
	KNN	0.06	0.15	0.00	0.02	0.33	0.39	0.10	0.22	0.11	0.26

续表

数据集	分类器	Recall		pf		Precision		F1 - score		G - measure	
		Noise	Clean	Noise	Clean	Noise	Clean	Noise	Clean	Noise	Clean
Derby	RF	0.24	0.46	0.01	0.01	0.63	0.90	0.34	0.61	0.38	0.63
	NB	0.36	0.53	0.06	0.13	0.36	0.50	0.36	0.51	0.52	0.66
	MLP	0.00	0.39	0.00	0.07	0.00	0.56	0.00	0.46	0.00	0.55
	LR	0.26	0.39	0.02	0.06	0.52	0.60	0.35	0.48	0.41	0.55
	KNN	0.26	0.39	0.02	0.06	0.52	0.60	0.35	0.48	0.41	0.55
Wicket	RF	0.00	0.48	0.00	0.00	0.00	0.92	0.00	0.63	0.00	0.65
	NB	0.00	0.30	0.01	0.03	0.00	0.30	0.00	0.30	0.00	0.46
	MLP	0.00	0.22	0.00	0.02	0.00	0.36	0.00	0.27	0.00	0.36
	LR	0.00	0.13	0.00	0.01	0.00	0.38	0.00	0.19	0.00	0.23
	KNN	0.00	0.13	0.00	0.01	0.00	0.38	0.00	0.19	0.00	0.23
Average	RF	0.12	0.46	0.00	0.01	0.35	0.79	0.14	0.57	0.19	0.61
	NB	0.18	0.45	0.03	0.05	0.11	0.37	0.13	0.39	0.26	0.59
	MLP	0.09	0.33	0.01	0.03	0.09	0.49	0.07	0.39	0.14	0.49
	LR	0.12	0.30	0.01	0.02	0.24	0.52	0.15	0.38	0.20	0.44
	KNN	0.12	0.30	0.01	0.02	0.24	0.52	0.15	0.38	0.20	0.44
	All	0.12	0.37	0.01	0.03	0.21	0.54	0.13	0.42	0.20	0.51

可以看到五个数据集在 Clean 版本上取得的 Recall、Precision、F1 - score 和 G - measure 值总体要比在 Noise 版本所取得的值更高。特别地，在大规模数据集 Chromium 上的提高是非常显著的，Clean 数据集上 F1 - score 最大值取得 0.81（由分类器 RF 取得）；Clean 数据集上五个分类器的平均 F1 - score 比 Noise 数据集上的高出 291%。性能指标 Recall、Precision、F1 - score 和 G - measure 的平均值在 Noise 数据集上分别为 0.12、0.35、0.14 和 0.19，在 Clean 数据集上分别为 0.48、0.81、0.59 和 0.64，平均值分别提高了 308%、134%、324% 和 244%。

> 结论 2：简单文本分类在 Clean 的数据集上比在 Noise 的数据集上表现更好。

分类器 RF 在 Clean 的数据集上表现最佳。使用分类器 RF 的 Recall、Precision、F1 - score 和 G - measure 的平均值分别为 0.46、0.79、0.57 和 0.61，这是五个分类器中最高的。同时，RF 的平均 pf 为 0.01，这是五个分类器中最小的。

在 Clean 的数据集上，将简单文本分类的结果与三种基准方法进行比较，RF 的 Precision 和 F1 - score 的平均值分别提高了 125% 和 46%。此外，由于 pf 越小越好，因此从 0.07 降低到 0.01 也可以提高 pf 的平均值。Recall 和 G - measure 的平均值略有降低（分别降低了 17% 和 3%）。造成这种情况的一个可能原因是，基准方法从 NSBR 中过滤掉了一些记录，这可以缓解安全漏洞报告检测的不平衡问题。

结论 3：使用 Clean 数据集，简单的文本分类方法有效性优于三种基准方法。

4.7 讨论与小结

4.7.1 Shu 等提出的超参优化方法对简单文本分类是否有效

我们研究了 Shu 等提出的超参数调整方法，与 RQ2 中提出的简单文本分类技术结合使用时可以工作。

在这里，我们应用了 Shu 等提出的两种超参数优化方法。与基准方法命名规则类似，这里使用 $\text{Text}_{\text{Learner}}^{\text{Tuned}}$ 和 $\text{Text}_{\text{Smote}}^{\text{Tuned}}$ 分别表示简单文本分类与分类器超参优化的组合（即调整学习者 RF 的关键参数）及与 Smote 超参优化的组合（即调整 Smote 关键参数）。

表 4-7 显示了将文本分类模型（Text）与超参优化方法相结合在 Clean 数据集上的性能评估结果。为了清楚起见，图 4-7 给出了 Clean 数据集上所有六个方法（即 Farsec、$\text{Farsec}_{\text{Learner}}^{\text{Tuned}}$、$\text{Farsec}_{\text{Smote}}^{\text{Tuned}}$、Text、$\text{Text}_{\text{Learner}}^{\text{Tuned}}$ 和 $\text{Text}_{\text{Smote}}^{\text{Tuned}}$）的 Recall、Precision、F1-score 和 G-measure 的箱线图。与简单文本分类（见图 4-7 中的红色框）相比，Smote 的超参数调整与简单文本分类（$\text{Text}_{\text{Smote}}^{\text{Tuned}}$）相结合大大改善了 Recall 和 G-measure，而 Learner 的超参数调整与简单文本分类相结合对 Recall、Precision、F1-score 和 G-measure 的提高较小。与三个基准方法（即 Farsec、$\text{Farsec}_{\text{Learner}}^{\text{Tuned}}$ 和 $\text{Farsec}_{\text{Smote}}^{\text{Tuned}}$）相比，超参优化方法与简单文本分类模型（Text）相结合的性能表现更优。$\text{Text}_{\text{Learner}}^{\text{Tuned}}$ 的 Precision 和 F1-score 的平均值比 $\text{Farsec}_{\text{Smote}}^{\text{Tuned}}$ 分别提高了 90% 和 39%；$\text{Text}_{\text{Smote}}^{\text{Tuned}}$ 的 Recall、Precision、F1-score 和 G-measure 值比 $\text{Farsec}_{\text{Smote}}^{\text{Tuned}}$ 分别提高了 23%、58%、39% 和 15%。

表 4-7 Shu 等提出的超参优化方法与简单文本分类方法相结合的性能表现

数据集	方法	Recall	pf	Precision	F1-score	G-measure
Chromium	$\text{Farsec}_{\text{Learner}}^{\text{Tuned}}$	0.76	0.00	0.94	0.84	0.87
	$\text{Farsec}_{\text{Smote}}^{\text{Tuned}}$	0.86	0.08	0.17	0.28	0.89
Ambari	$\text{Farsec}_{\text{Learner}}^{\text{Tuned}}$	0.25	0.02	0.31	0.28	0.40
	$\text{Farsec}_{\text{Smote}}^{\text{Tuned}}$	0.50	0.02	0.50	0.50	0.66
Camel	$\text{Farsec}_{\text{Learner}}^{\text{Tuned}}$	0.39	0.00	0.95	0.55	0.56
	$\text{Farsec}_{\text{Smote}}^{\text{Tuned}}$	0.41	0.09	0.32	0.36	0.57
Derby	$\text{Farsec}_{\text{Learner}}^{\text{Tuned}}$	0.52	0.01	0.93	0.66	0.68
	$\text{Farsec}_{\text{Smote}}^{\text{Tuned}}$	0.68	0.25	0.40	0.50	0.71
Wicket	$\text{Farsec}_{\text{Learner}}^{\text{Tuned}}$	0.52	0.01	0.71	0.60	0.68
	$\text{Farsec}_{\text{Smote}}^{\text{Tuned}}$	0.70	0.03	0.57	0.63	0.81
Average	$\text{Farsec}_{\text{Learner}}^{\text{Tuned}}$	0.49	0.01	0.77	0.59	0.64
	$\text{Farsec}_{\text{Smote}}^{\text{Tuned}}$	0.63	0.09	0.39	0.45	0.73
	All	0.56	0.05	0.58	0.52	0.68

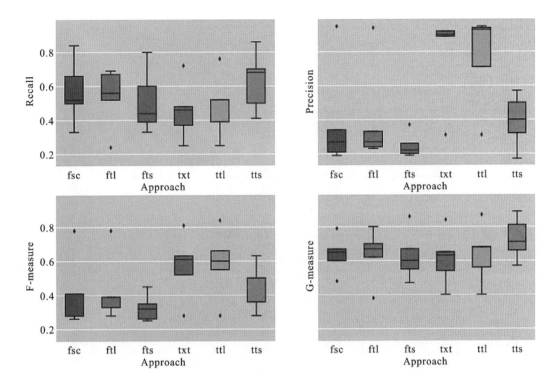

图 4 - 7　六种不同方法在 Clean 数据集上的性能盒图展示（彩图请扫书后二维码）

（注：fsc、ftl、fts、txt、ttl 和 tts 分别代表 Farsec、$\text{Farsec}_{\text{Learner}}^{\text{Tuned}}$、$\text{Farsec}_{\text{Smote}}^{\text{Tuned}}$、Text、$\text{Text}_{\text{Learner}}^{\text{Tuned}}$ 和 $\text{Farsec}_{\text{Smote}}^{\text{Tuned}}$）

4.7.2　导致 Farsec 性能不佳的原因

Peters 等首先意识到了已有数据集存在误标的情况，设计的 Farsec 工具提供了一种自动方法来从数据集中过滤掉可能标签错误的数据。但是，Farsec 的有效性非常有限。本章工作中对 Farsec 进行了深入分析，找到了导致其性能不佳的一些可能原因。

（1）筛选出记录会导致信息丢失。Farsec 设计了七种不同的滤波器（见表 4 - 8 所示）。在这里，表 4 - 8 显示了每个训练集经过 Farsec 过滤的记录所占的比例。从 "# Filtered" 和 "% Filtered" 列中可以看到，训练集中会有许多记录被 Farsec 过滤器过滤掉。例如，在数据集 Ambari 上，过滤器 farsectwo 过滤掉 240 条记录，占其训练集总记录数的 48%。然而，根据本课题研究中人工标记结果，在 Ambari 中仅识别出了 27 个新的安全漏洞报告，也就是说大多数被 Farsec 过滤器过滤掉的记录事实上都属于 NSBR。因此，过滤掉这些缺陷报告意味着检测模型失去了学习这些样本的机会，从而降低了它们正确检测此类数据的能力。

表 4 - 8　Farsec 从每个数据集的训练集中过滤掉的记录统计

数据集	Filter	# Remained	# Filtered	% Filtered
Chromium	train	20 970	/	/
	farsecsq	14 219	6751	32.19
	farsectwo	20 968	2	0.01
	farsec	20 969	1	0.00

数据集	Filter	# Remained	# Filtered	% Filtered
Chromium	clni	20 154	816	3.89
	clnifarsecsq	13 705	7265	34.64
	clnifarsectwo	20 152	818	3.90
	clnifarsec	20 153	817	3.90
Ambari	train	500	/	/
	farsecsq	149	351	70.20
	farsectwo	260	240	48.00
	farsec	462	38	7.60
	clni	409	91	18.20
	clnifarsecsq	76	424	84.80
	clnifarsectwo	181	319	63.80
	clnifarsec	376	124	24.80
Camel	train	500	/	/
	farsecsq	116	384	76.80
	farsectwo	203	297	59.40
	farsec	470	30	6.00
	clni	440	60	12.00
	clnifarsecsq	71	429	85.80
	clnifarsectwo	151	349	69.80
	clnifarsec	410	90	18.00
Derby	train	500	/	/
	farsecsq	57	443	88.60
	farsectwo	185	315	63.00
	farsec	489	11	2.20
	clni	446	54	10.80
	clnifarsecsq	48	452	90.40
	clnifarsectwo	168	332	66.40
	clnifarsec	435	65	13.00
Wicket	train	500	/	/
	farsecsq	136	364	72.80
	farsectwo	143	357	71.40
	farsec	302	198	39.60
	clni	392	108	21.60
	clnifarsecsq	46	454	90.80
	clnifarsectwo	49	451	90.20
	clnifarsec	196	304	60.80

（2）前100个安全关键词的质量较差。Farsec使用分类矩阵来拟合分类模型，该矩阵是使用安全漏洞报告的tf-idf值提取的前100个安全关键词的频率生成的。例如，图4-8显示了Chromium的前100个安全关键词。根据CWE定义和实际的安全测试经验，在仔细查

看这些词时，其中许多词（例如，彩色词）似乎与安全性无关。

file, security, chrome, page, http, download, user, starred, person, notified, changes, may, see, url, site, bug, open, google, browser, like, windows, window, https, web, code, one, memory, firefox, function, tests, problem, seems, tab, also, version, use, would, using, view, used, make, users, chromium, crash, click, password, think, vulnerability, sure, browsers, link, attached, attacker, data, get, fix, const, content, something, safari, new, error, javascript, lcamtuf, malicious, please, could, risk, release, try, found, allow, expected, time, example, corruption, test, back, access, crashes, urls, int, without, know, versions, way, uses, cause, fail, want, system, still, files, arbitrary, html, details, ssl, need, loaded, might

图 4-8 Farsec 中 Chromium 数据集提取的前 100 个安全相关词汇

4.7.3 Noise 数据集中误标数据模式

手动数据标注是一项艰巨的任务。为了对将来 SBR 数据集自动数据清理和标记工作提供启发和借鉴，通过对本章人工数据标记工作和标记结果数据进行分析，尝试对误标数据的模式进行总结。

本章数据标注工作中，通过人工审阅从 Noise 数据集的 NSBR 中总共识别出 749 个 SBR。在人工审阅过程中，每个被识别出的 SBR 会分配一个或多个 CWE 标签。这些标签使我们能够更深入地了解误标数据类型的分布。所识别出的 749 个 SBR 涉及 50 多个 CWE 类别。但是，为了从这些 SBR 中提取最常见的特征，我们使用软件开发漏洞类型的 40 个顶级 CWE 类别进行分组。最后，CWE-1218 (Memory buffer error)、CWE-199 (Information Management) 和 CWE-465 (Pointer Issues) 占据 SBR 数量最多的前三类，约占所有被误标 SBR 数量的 75%。其中，约 90% 属于 CWE-1218 和 CWE-199 的记录，来自 Chromium，而 CWE-465 的 95% 记录来自四个小规模数据集（即 Ambari、Camel、Derby 和 Wicket）。

缺陷报告描述信息 (Description) 通常使用自然语言对缺陷发生时观测到的行为 (OB: Observed behavior) 和预期行为 (EB: Expected behavior) 进行描述，Chaparro 等总结了最常见的 OB 和 EB 表达模式。

(1) 观测行为 OB：（[subject]）[negative aux. verb] [verb] [complement]。这里 [negative aux. verb] ∈ {are not, can not, does not, did not, etc.}。例如，来自 Chromium 数据集的缺陷报告 Issue 16036 中的描述 "[Audio Output the Stream's shutdown code] [does not] [correctly delete output stream object after the thread is shutdown…]"。

(2) 预期行为 EB：[subject] should/shall (not) [complement]。例如，来自 Chromium 数据集的缺陷报告 Issue 41547 中的描述 "[It] shouldn't [bother to call back to the UI thread since such a call won't actually do anything at this point.]"。

对于安全漏洞报告 (SBR)，在 [subject] 和 [verb] / [complement] 中会出现一些与安全相关的特定关键词出现。在对 749 个 SBR 进行分析的基础上，我们总结了排名前 3 的 CWE 类别（即 CWE-1218、CWE-199 和 CWE-464）对应 SBR 中出现的高频词，如表 4-9

所示。每种类别的 SBR 往往都会包含来自 [subject] 和 [verb] / [complement] 中词语的组合，或者是这些词的同根词。

表 4 - 9   属于排名前三 CWE 类别的误标 SBR 中总结出的关键词

CWE 类别	关键词	
	[Subject]	[verb] / [complement]
CWE - 1218	memory, heap, stack, cache, buffer, pool, cpu, loop, size, range, index, array, fifile, path, data, exception, bound, consumption	out, comsume, leak, handle, corrupt, null, exceed, overflflow, crash, uncontrol, dereference, use - after - free, out - of - bounds
CWE - 119	password, cookie, log, cache, credential, user, username, session, profifile, sandbox, privacy, security, license, proxy, host, certifificate	leak, exposure, mask, storage, transfer, log, sensitive, clear, hash, permit, allow, invalid, malicious
CWE - 465	Pointer	dereference, reference, release, handle, incorrect, improper, null, outside, in valid, exception, expired, uninitialized, initialize, out - of - range

4.7.4   隐含信息

通过这项工作，我们提炼了一些超出特定任务和方法的一般建议。

> **结论 4：超参优化方法与随机森林 RF 的结合可以显著提高三个基准方法的 SBR 预测性能（Recall、Precision、F1 - score 和 G - measure）。**

数据质量至关重要。根据 Kim 等[85] 的调查结果，数据质量是微软数据科学家面临的第一个挑战。他们指出，数据质量问题使数据科学家很难对其工作的正确性抱有高度信心。如我们的安全漏洞报告检测实验结果所示，安全漏洞报告检测模型的有效性与数据标签的正确性密切相关。带有 Clean 数据的模型的性能要比带有噪声数据的模型的性能好得多。研究人员在软件工程的区域源代码缺陷检测[85]、缺陷检测[86]、克隆检测[87] 中进行了类似的验证。例如，Kim[85] 研究了数据标签对缺陷检测的影响。他们的评估结果表明，检测模型的性能明显下降，而误贴率超过 25％。Tantithamthavorn 等[16] 表明，在高噪声数据上训练的检测模型达到了在 Clean 数据上训练模型的 Recall 的 56％～68％。

安全漏洞报告分析数据集构建工作需要集体的努力。高质量数据集对于正确评估安全漏洞报告检测方法至关重要。对于安全漏洞报告检测数据集标签，需要人工完成，因为当前的自动方法无法很好地解决这一问题。尽管人工数据标记既困难又昂贵，但仍可以通过集体努力克服。在集体努力下构建高质量数据集的成功案例很多。例如，Svajlenko 等[87,88] 建立了一个大型基准，用于通过挖掘然后手动检查十种常见功能的克隆进行克隆检测。基准测试包含六百万个不同克隆类型的真实克隆：Type-1、Type-2、Type-3 和 Type-4。这些克隆是由三名专家花费 216 小时进行手动验证后发现的，这些数据集在后来的研究中被广泛使用[89,90]。

在软件安全漏洞报告检测领域，本章研究只是数据质量相关研究的开端，构建高质量的大规模公共可用数据集尚需学术界和工业界相关人员的共同努力，不断完善和提高数据集的质量和规模。

4.7.5　有效性威胁

内部有效性。对本研究内部有效性的威胁是 Clean 数据集中潜在的错误标签。我们采取了几种措施来减少这种威胁。但是，要保证在 Clean 的数据集中不存在假阳性和假阴性仍然比较困难。如 Ohira 等[26] 指出，当没有明确的安全漏洞报告定义时，很难判断缺陷报告是 SBR 还是 NSBR。我们使用 CWE（漏洞管理的最权威组织）的定义作为判断缺陷报告是否为 SBR 的基础。此外，进行手动审核的所有六个标记者都具有丰富的实践经验，并且对不同漏洞类型和特征有深刻了解。

此外，Viviani 等[91] 提出了数据标记的良好实践；我们通过审查五个项目的 351 个已知 SBR，按照他们的方法生成密码本。该 CodeBook 记录了将缺陷报告标记为 SBR 的原因以及支持该决定的确切句子和短语。我们使用 CodeBook 作为以下审核过程的指导，并且还采用了卡片分类法来进一步保证标签结果的正确性。

外部有效性。外部有效性的威胁与我们研究结果的普遍性有关。在这项研究中，我们通过比较相同的安全漏洞报告检测模型在 Noise 数据集和 Clean 数据集上的性能来评估数据标签正确性的影响。三种基准方法是从 Peters 和 Shu 等近期提出的两项安全漏洞报告检测工作中提取的，并应用了简单的文本分类模型。此外，实验评估使用了一组绩效指标（研究中涉及的所有绩效指标），包括 Recall、pf、Precision、F1-score 和 G-measure。我们不能保证我们的发现可以推广到其他所有软件分析任务，但是，本章的研究结果将适用于基于监督机器学习的软件仓库挖掘任务。

4.7.6　小　　结

本章工作中，我们首先通过人工审核方式提高了五个公开的安全漏洞报告检测数据集的标签正确性，并对数据标签正确性对分类算法的影响进行了广泛的实验评估。结果表明：

（1）在相同的检测模型（例如，Peters 和 Shu 等提出的方法）下，Clean 数据集的性能要比 Noise 数据集的性能好许多。

（2）简单文本分类在 Clean 的数据集上的性能要比 Noise 的数据集好得多。

（3）使用 Clean 的数据集，简单文本分类的性能优于 Peters 和 Shu 等提出的基准方法。

（4）使用 Clean 数据集，Shu 等提出的超参优化方法可以提高简单文本分类模型的检测准确性。

第 5 章

基于不确定性采样和交互式
机器学习的漏洞报告检测方法

5.1　引　　言

第 4 章研究中通过人工审核的方法对五个数据集进行了重新标记，这一过程既要求参与标记人员必须具备较强的安全领域知识和项目背景知识，同时又需要耗费大量的时间。当人工专家经验成为当前数据标记必要条件的时候，如何能更加有效的选择需要标记的数据成为本章研究的目标。

本研究提出安全漏洞报告检测工具 hbrPredictor（high‐impact bug report Predictor，因为 SBR 属于 high‐impact 缺陷报告的一种），该工具使用了交互式机器学习和主动学习的知识，其目标是减少在安全漏洞报告检测上所需的数据标记成本，同时保证模型的检测准确性。交互式机器学习应用人机交互模式来更好地利用人机的优势[95,96]。我们使用主动学习的不确定性抽样策略来确定最具信息性和代表性的缺陷报告，以供人类专家审查。人类专家确认/修改标签，然后以迭代方式将其放入训练集中，NBM 为 hbrPredictor 中集成的默认分类算法。

本章研究以安全漏洞报告检测为例，通过六个开源安全漏洞报告检测数据集对 hbrPredictor 的有效性进行实验评估。

5.2　研究动机

监督分类模型的性能在很大程度上取决于训练数据的数量和质量[97,98]。对于安全漏洞报告检测问题，用户一方面希望安全漏洞报告检测模型能够有较高的检测准确性，另一方面又希望模型训练所需要的标记缺陷报告数量尽可能少，因为与其他许多领域一样，缺陷报告样本标记也是一项极其耗时而昂贵的任务[26]。换句话说，我们需要减少所需的训练缺陷报告的数量，同时最大化安全漏洞报告检测模型的性能（例如，F1‐score）。

图 5‐1 显示了随着安全漏洞报告检测模型训练中训练样本的逐渐增加，模型性能衡量指标 F1‐score 的两种不同趋势。该实验从一小部分（少于 100 条）训练样本开始，以每次增加一个标记样本的迭代方式增加训练样本数量，每轮迭代都会计算模型的性能表现。图中灰线是根据默认数据顺序（即没有任何选择策略）添加训练缺陷报告的结果，黑线是在每次迭代中通过"不确定性抽样"[99] 逐步增加训练数据的模型性能表现。为了权衡所需的训练样本数量和分类模型的检测性能（例如 F1‐score），本章研究旨在回答以下两个研究问题（RQ）：

问题 1（RQ1）：训练一个好的安全漏洞报告检测模型需要标记多少样本数据？

如图 5‐1 所示，性能指标 F1‐score 从一个较小的值（<0.2）开始，然后逐渐增长直到达到最大值。之后，它呈现出趋同的趋势。对于黑线"使用选择策略"，最大值在点 187（即训练缺陷报告的数量为 187），其 F1‐score 值为 0.56。在点 187 之后添加的样本不再提高分类模型的 F1‐score。换句话说，使用 187 个训练样本（占总缺陷报告的 30%）训练的分类模型与使用所有缺陷报告训练的分类模型可以获得相同甚至更好的性能。本章提出迭代样本标记方法并在每次迭代时评估分类模型的性能，这与交互式机器学习完全匹配，因此，课题将交互式机器学习引入安全漏洞报告检测中，以探索模型的最佳性能值和收敛点。

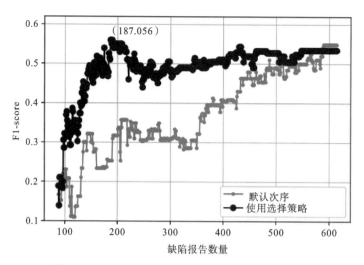

图 5-1　F1-score 随训练样本数量增加的变化趋势

问题 2（RQ2）：是否有特定方法来选择高质量的缺陷报告进行标记以加快安全漏洞报告检测模型的收敛速度？

尽管图 6-1 中的两条曲线收敛到相似的值，但是使用不确定性采样策略的方法达到最佳值的时间比随机选择样本策略达到最佳值的时间要提前许多，因此，从缺陷库中识别出高质量的缺陷报告作为训练样本，可以显著提高模型的性能并加快其收敛速度。主动学习提供了多种有效的数据采样方法，并已成功应用于许多领域[99,100]。本章使用"不确定性采样"策略来选择对模型性能提高更有价值的缺陷报告进行人工标记。

5.3　基于主动学习的采样算法设计

图 5-2 展示了本章提出的 hbrPredictor 方法的架构。类似于常见的基于机器学习的分类问题，安全漏洞报告检测的过程包括图 5-2（a）中的三个阶段：数据收集、交互式模型训练和性能评估，以及目标缺陷报告检测。在本节中，我们主要关注阶段Ⅱ，图 5-2（b）为该阶段的详细信息展示。

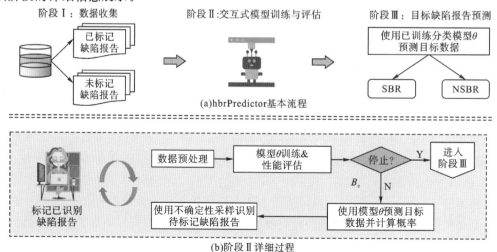

图 5-2　hbrPredictor 架构

5.3.1　交互式学习过程

通过交互式机器学习,我们可以迭代地探索和标记数据以提高性能,直到达到最佳性能。算法 5-1 描述了使用监督分类方法进行安全漏洞报告检测的交互式机器学习的主要过程。

算法 5-1　交互式 SBR 检测基本流程

输入:训练集 B_t,验证集 B_v,测试集 B_e,候选集 B_c,分类器 θ.

输出:标记数据集 B'.

```
1    begin
2        Train θ with B_t ;
3        while ! isMatshSC(θ, B_v, B_e, B_c) do
4            X_s ← getNextToLabel (θ, B_c);
5            X'_s ← getUserLabel (X_s);
6            B_t ← B_t ∪ X'_s ;
7            B_c ← B_c \ X_s ;
8            Retrain θ with B_t
9        end
10       B'_c ← predict (θ, B_c);
11       B' ← B_t ∪ B'_c ;
12       return B'.
13   end
```

算法 5-1 的输入包括一小组标记缺陷报告作为训练集,另一组标记缺陷报告作为测试集,大量未标记缺陷报告作为候选集以及一个分类器。使用初始训练集(第 2 行)训练分类器;然后,算法将进行迭代交互过程,直到满足停止条件为止(第 3 行),我们将在 5.3.3 节详细信息介绍迭代停止条件。在人机交互过程中(第 4~8 行),最关键的工作是从候选集中(第 4 行)获取下一个缺陷报告 X_s,以供人类专家分配标签。当样本 X_s 获得人工专家赋予的标签(第 5 行)时,它将从候选集中移至训练集中(第 6~7 行)。交互过程终止时,候选集的其余样本的标签将由当前模型进行检测(第 10 行)。算法的输出是带有标签的训练集和候选集的并集。

在交互式 SBR 检测算法中,人工专家和机器学习交互的关键集中在函数 isMatchSC()(第 3 行)和 getNextToLabel()(第 4 行)。其中函数 getNextToLabel()用于标识下一个(或一组)期望获得标签的样本,这些样本获得标签后将被加入下一次迭代的训练集,以便在下一迭代中提高当前模型的性能;函数 isMatchSC()为交互过程的停止条件。

5.3.2　不确定性采样策略

主动分类器可以访问未标记的候选缺陷报告集 B_c,选择最佳实例($X_s \in B_c$)来请求人工标记,然后将其从 B_c 中转移到初始训练集 B_t 中以重新训练分类器。单纯通过利用不确定性采样（例如，最小置信度，信息熵）依赖于当前模型，不确定性采样是最受欢迎的采样策略之一。对于二分类问题，已经显示出置信度最低的度量效果很好。它计算每个候选对象中最有可能的一类的后验概率。此后验估计值与 0.5 之间的绝对差用作不确定性度量（值越低表示不确定性越高），它充当候选者对分类表现的影响的代理。选择不确定性最高的候选样本 X_s 让专家进行标签标记，具体计算如式（5-1）：

$$X_s = \mathrm{argmax}(1 - P_\theta(\hat{y} \mid x)) \tag{5-1}$$

式中，X_s 是来自候选集 B_c 的实例，当前模型 θ 对它的置信度最低；而 $\hat{y}$ 是该模型检测最高后验估计的类，因此 $\hat{y} = \mathrm{argmax}\, y\, P_\theta(y \mid x)$。使用这种不确定性采样方法，函数 getNext ToLabel () 可以描述为算法 5-2。该算法首先使用训练集 B_t 训练分类器 θ（第 2 行）。然后，使用分类器 θ 检测候选缺陷报告 B_c，以获得 B_c 的标签（第 3 行）和检测结果的后验概率（第 4 行）。最后，通过式（5-1）选择分类器 θ 最不确信的缺陷报告并输出。

算法 5-2　不确定性采样算法：getNextToLabel

输入：候选集 B_c，分类器 θ.

输出：置信度最低的学习报告 X_s.

```
1  begin
2    Train θ with Bt ;
3    B'c ← predict Bc with θ ;
4    P(X) ← predictProb ( Bc , θ );
5    Xs ← 使用式（5-1）进行样本选择；
6    return Xs .
7  end
```

5.3.3　动态阈值停止条件

交互式机器学习过程中，合适的停止准则是平衡交互持续时间和模型性能的关键因素。本章研究中，从直观上，有两种简单的停止条件：①候选集中没有剩余样本（即 $len(B_c) = 0$）；②模型性能达到的最大阈值（例如，F1-score ≥ 0.8）。但是，已有的安全漏洞报告检测相关研究[31,101] 及初步探索实验表明，不同数据集中的特定性能指标（例如，F1-score）的最大值有所不同，因此很难设置统一的阈值。

为了最大化模型的性能并减少所需的训练样本数量，本章设计了一种动态阈值方法来平衡所需训练样本数量和模型性能。该方法基于数值分析的最大值理论，涉及两个主要概念，即全局最大值和局部最大值。使用 M 表示可能的训练缺陷报告的总数（即 $len(B_t)$ + $len(B_c)$），模型 M 的性能 f 在点 m^* 取得最大值，如果对模型 M 上任意点 m 都存在 $f(m^*) \geq f(m)$，则称点 m^* 为全局最大点。假设交互过程从点 m_0 开始持续到临时点 m_t（$M \geq m_t \geq m_0$），m_0 到 m_t 的点 m'（$m' \in [m_0, m_t]$）取得最大性能值 $f(m')$，则称 $f(m')$ 为局部最大值，点 m' 为局部最大值点。

动态阈值方法的目标是探索一个尽可能接近起点 m_0 的停止点 m_s，而局部最大值 $f(m')$ 尽可能接近全局最大值 $f(m^*)$。用 λ 表示局部最大值点 m' 和停止点 m_s 之间的距离，即 $\lambda =$

$m_s - m'$，这段距离之间的点恰好是对模型性能提高没有贡献的训练样本。通过同时考虑数据标记工作量和性能提高的可能性，用户很容易定义一个允许的最大值，记为 λ_{max}，用以描述在局部最大值停止增加后标记的可接受样本数。换句话说，如果在用户定义的距离 λ_{max} 内出现了大于当前局部最大值 $f(m')$ 的值，则交互过程将继续使用该新的局部最大值；否则，交互过程在点 m_s（$m_s = m' + \lambda_{max}$）处停止，以局部最大值 $f(m')$ 作为分类模型的阈值。

为了清楚起见，以图 5-1 的数据为例，从其中截取一个片段，如图 5-3 所示。假设交互处理从点 $m_0 = 140$ 开始，如果我们将局部最大点和停止点之间的最大距离设置为 $\lambda_{max} = 10$，则停止点 m_s 将为 171，最大性能值 $f(m') = 0.52$，点 $m' = 161$；如果我们设置 $\lambda_{max} = 20$，则 m_s 将在点 207 处，最大值 $f(m') = 0.56$ 在 $m' = 187$。

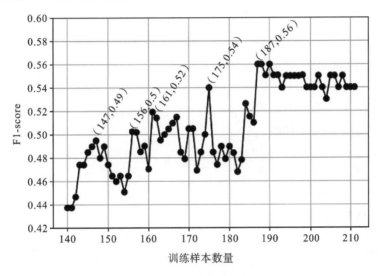

图 5-3　动态停止准则示意

5.3.4　hbrPredictor 过程

将不确定性采样方法和动态阈值停止标准整合到 hbrPredictor 工具中，其具体过程描述如算法 5-3 所示。与算法 5-1 中的基本交互机器学习过程相比，算法 5-3 的输入和输出包括两个新参数，即用户期望的性能值 V_{exp} 和新的严格局部最大值后允许的最大探索区间 λ_{max}。输出增加获得的性能阈值 V_{thr} 和训练样本总数 m。在执行人机交互过程之前，hbrPredictor 使用初始设置的训练样本数量，并将性能阈值初始化为 0（第 2 行）。算法过程中定义了两个临时参数 V_{tmp} 和 λ_{tmp}，以存储每次迭代的性能值和严格局部最大值之后的探索间隔。

在交互过程中（第 3~22 行），首先训练分类器 θ 并评估其性能（第 4，5 行）。如果当前迭代的性能值 V_{tmp} 大于动态阈值 V_{thr}，则将 V_{tmp} 赋值给 V_{thr}，并且探索间隔计数器 λ_{tmp} 将重置为 0（第 7 行）；否则，计数器 λ_{tmp} 将加 1。如果当前性能阈值 V_{thr} 大于用户的期望性能值 V_{exp}，或者探查间隔计数器 λ_{tmp} 的值达到 λ_{max}，则交互过程将停止（第 8 行至第 16 行）。hbrPredictor 使用算法 5-2 选择下一个需要标记的缺陷报告（第 18 行），然后按照基本交互过程（算法 5-1）进行交互过程以获取样本标签（第 19 行），并将所选的样本从候选集中移入训练集中（第 20 和 21 行）。当交互过程停止后，将使用当前模型对测试集 B_e 进行检测

（第 23 行），并根据检测结果和测试集实际标签计算当前模型的性能（第 24 行）。同时，使用当前模型检测所剩余的候选集 B_c（第 25 行）。最后，计算最终训练样本数量 m，并将其和最终训练样本集 B_t'、获得标记的候选样本集 B_c' 及模型在测试集的最终性能值 V_{fnl} 一起输出（第 26～28 行）

算法 5-3　　使用动态阈值的交互式 SBR 检测方法

输入：训练集 B_t，验证集 B_v，测试集 B_e，候选集 B_c，分类器 θ，预期性能值 V_{exp}，最大距离 λ_{max}。

输出：标记样本集 B_t'，剩余候选样本集 B_c'，模型最终性能值 V_{fnl}，截至终止点所消耗的训练样本数量 m。

1	**begin**
2	$\lambda_{max} \leftarrow 0$, $V_{thr} \leftarrow 0$, $V_{tmp} \leftarrow 0$;
3	**while** ! $len(B_c) == 0$ **do**
4	Train θ with B_t;
5	$V_{tmp} \leftarrow$ calcCurrentPerf(θ, B_v);
6	**if** $V_{tmp} > V_{thr}$ **then**
7	$V_{thr} \leftarrow V_{tmp}$, $\lambda_{tmp} \leftarrow 0$;
8	**if** $V_{thr} \geqslant V_{exp}$ **then**
9	break.
10	**end**
11	**end**
12	**else**
13	$\lambda_{max}++$;
14	**if** $\lambda_{tmp} == \lambda_{max}$ **then**
15	break.
16	**end**
17	**end**
18	$X_s \leftarrow$ getNextToLabel(B_c, θ) // 使用算法 5-2;
19	$X_s' \leftarrow$ getUserLabel(X_s);
20	$B_t \leftarrow B_t \bigcup X_s'$;
21	$B_c \leftarrow B_c \setminus X_s$;
22	**end**
23	$B_e' \leftarrow$ predict(θ, B_e);
24	$V_{fnl} \leftarrow$ calcFinalPerf(B_e, B_e');
25	$B_c' \leftarrow$ predict(θ, B_c);
26	$B_t' \leftarrow B_t$;
27	$m \leftarrow len(B_t')$;
28	return B_t', B_c', V_{fnl}, m.
29	**end**

5.4　实验设置

为了验证 hbrPredictor 的有效性，我们通过在六个数据集上使用五种经典分类算法进行实验。并将其实验结果与两个当前最新的缺陷报告检测方法进行对比。具体分类以缺陷报告的文本描述作为特征抽取对象，因为它是缺陷报告中信息最丰富的字段。

5.4.1　两个基准方法

我们将 hbrPredictor 的有效性与 Peters 等[18] 提出的两个最新基准进行了比较。在本小节中，我们将简要介绍这两个基准。

Farsec：Peters 等[18] 提出了一个框架 Farsec，通过滤除可能误标的缺陷报告来改进安全漏洞报告检测模型有效性。该方法的详细信息在第 3 章和第 4 章已经进行了较为详细的介绍。本章实验研究中，对基准方法 Farsec 我们采用与第 4 章研究相同的参数设置。

Imbal：Yang 等[10] 提出了一种方法 Imbal，通过利用四种广泛使用的不平衡学习策略来识别安全漏洞报告（SBR）：随机欠采样（RUS‑Random Under Sampling），随机过采样（ROS‑Random Over Sampling），合成少数过采样技术（SMOTE‑synthetic minority over‑sampling technique）和成本矩阵调整（CMA‑cost‑matrix adjuster）。分类器采用 NB、NBM、SVM 和 KNN，所采用数据集为四个 Apache 项目（即 Ambari、Camel、Derby 和 Wicket），通过将分类器和采用方法的组合应用于每一个数据集，评估每个组合的性能表现。本章选择 SMOTE 作为基准采样策略，因为根据 Yang 等实验结果，SMOTE 表现较优。

5.4.2　研究问题

在本章的实证研究中，我们设计了以下三个研究问题（RQ）来引导实验实施。

问题 1（RQ1）：与两个基准方法（即 Farsec 和 Imbal）相比，hbrPredictor 对安全漏洞报告的检测有效性如何？

问题 2（RQ2）：算法所设计的动态停止准则对 hbrPredictor 的性能影响如何？

问题 3（RQ3）：与两个基准方法相比，hbrPredictor 在安全漏洞报告检测中的效率表现如何？

5.4.3　数据集

本章实验验证使用第 4 章中所标记的五个 Clean 数据集，以及第 2 章中所构建的大规模数据集 OpenStack，共计六个来自不同项目且具有不同规模的数据集，即 Ambari、Camel、Derby、Wicket、Chromium 和 OpenStack。前四个（即 Ambari、Camel、Derby 和 Wicket）为小规模数据集（＜10 000 条记录），每个数据集包含 1000 条缺陷报告数据；Chromium 和 OpenStack 是两个大规模数据集（≥10 000 条记录），表 5‑1 给出了这六个安全漏洞报告检测数据集的正负样本分布情况。

表 5 - 1　六个数据集分布

数据集	# BR	# SBR	% SBR	# NSBR
Ambari	1000	56	5.60	944
Camel	1000	74	7.40	926
Derby	1000	179	17.90	821
Wicket	1000	47	4.70	953
Chromium	41 940	808	1.93	41 132
OpenStack	88 790	254	0.29	88 536

5.4.4　分类器和评估指标

本章研究中选择 NBM 作为默认分类器，因为在前面章节研究中，NBM 的性能较优且在不同数据集上表现相对稳定；同时，由于 NBM 基于特征概率的数学运算，其运行速度较快，而本章设计的 hbrPredictor 采取循环迭代模式，模型的运行时间成本是关键因素之一，尤其对于大规模数据集而言，一个高效的分类模型可以有效节约时间成本。具体模型开发基于 Scikit - learn 工具包中的 NBM 实现，模型参数使用默认值。

为了进行较为全面的评估，本章使用四个在 MSR 领域广泛应用的模型性能评估指标：Recall、Precision、F1 - score 和 AUC。

5.4.5　交叉验证设置

交叉验证是一种用于模型性能评估的标准设置方法，可以有效利用样本数据，已广泛用于检测模型评估。本章实验中使用十折交叉验证来减少偏差，即每个数据集被划分为十份，其中每份包含相等或者近似相等比例的来自两个不同分类的样本，然后每次使用其中九份进行模型训练，而剩余的一份用于模型验证，依次轮流训练，直到每一份数据都被用于训练和测试，最后求 10 次循环中所得到性能指标的平均值作为模型的最终性能结果。但是，由于hbrPredictor 是以提升某一性能指标（如 F1 - score）为目标的循环迭代过程，为避免过拟合导致的性能提升，在实验设置中，对 hbrPredictor 我们采用 Train - validation - test 模式，而对于基准方法，我们采用 Train - test 模式。

Train - validation - test 模式：由于 hbrPredictor 从一小部分训练数据开始，然后迭代地选择样本进行模型拟合，为避免过拟合，我们在十折交叉的每轮中都使用 Train－validation－test 模式来评估 hbrPredictor。具体而言，给定一个缺陷报告集合 B，我们保留它的一份用于测试，保留另一份用于验证，对于其余的八份，我们没有一次将它们全部用作训练数据，而是首先使用一份数据作为初始训练集，其他七份用作 hbrPredictor 交互过程的候选集。验证集用于验证每次迭代中分类器的性能。虽然互动过程会在每一轮迭代停止（例如，一轮十折交叉验证结束），但模型的最终性能将通过测试集进行测试得到。在十折交叉验证完成后，我们计算平均性能指标（即 Recall、Precision、F1 - score 和 AUC）作为最终结果。

Train - test 模式：对于这两种基准方法，我们使用十折交叉验证的标准训练模式。需要注意的是，对于基准方法 Imbal，类别不均衡应对策略仅应用于交叉验证的训练数据，而不是整个数据集使用。

5.5　实验结果与分析

5.5.1　问题 1 结果分析

问题 1：与两个基准相比，hbrPredictor 对安全漏洞报告的检测有多有效？

为了回答问题 1，我们首先使用分类器 NBM 在六个数据集上分别执行 hbrPredictor 和两个基准方法。为了获得公正的结果，我们采用十折交叉验证方法。然后，将对三种方法（即 hbrPredictor、Farsec 和 Imbal）的实验结果进行比较和分析。

表 5-2 显示了这三种方法的结果。总体而言，hbrPredictor 显著提高了性能指标 Precision 的值——在六个数据集的 Precision 值范围为 0.5725～0.8297。但是，对于性能指标 Recall，六个数据集在大多数情况下，Imbal 的表现都优于 hbrPredictor。其主要原因是 Imbal 使用过采样方法 SMOTE 处理类别不平衡问题，牺牲 Precision 来提高 Recall 值。如表 5-2 所示，Imbal 方法在六个数据集取得的 Precision 值都比较差（值范围为 0.0141～0.3598）。平均而言，hbrPredictor 在 Precision、F1-score 和 AUC 方面优于两个基准方法。

在安全漏洞报告检测这一问题研究中，Recall 是指在目标数据集 SBR 总数中正确检测的 SBR 的比例，而 Precision 则是指那些真正的 SBR 在检测结果为 SBR 中所占的比例。F1-score 评估 Precision（Recall）的增加是否大于 Recall（Precision）的减少[55]。类似于已有许多研究，我们将 F1-score 视为主要性能指标，因为它相对客观公正[56-59]。对于 F1-score、hbrPredictor 在六个数据集中始终优于两个基准方法，其平均值为 0.6435，远高于 Farsec（0.3090）和 Imbal（0.2781）。值得注意的是，在数据集 Chromium 和 Derby 上，hbrPredictor 的 F1-score 比其他四个数据集的 F1-score 要好许多，造成这一现象的原因可能是数据规模和类别不平衡问题。Chromium 是具有 41 940 个缺陷报告的大规模数据集，Chromium 中 SBR 的百分比高于 OpenStack。Derby 是小型数据集，但是，其 SBR 百分比是六个数据集中最高的（17.9%）。

表 5-2　hbrPredictor 与两个基准方法性能对比

数据集	方法	Recall	Precision	F1-score	AUC
Ambari	hbrPredictor	0.4889	0.7350	0.5710	0.7406
	Farsec	0.0556	1.0000	0.1053	0.5278
	imbal	0.9463	0.0141	0.0277	0.8204
Camel	hbrPredictor	0.4908	0.6874	0.5392	0.7582
	Farsec	0.3333	0.2500	0.2857	0.6510
	imbal	0.7334	0.0499	0.0933	0.6432
Derby	hbrPredictor	0.7617	0.8211	0.7806	0.8742
	Farsec	0.6750	0.1416	0.2335	0.6564
	imbal	0.7279	0.2014	0.3127	0.7327
	hbrPredictor	0.5437	0.5724	0.5196	0.7652

续表

数据集	方法	Recall	Precision	F1 − score	AUC
Wicket	Farsec	0.5625	0.3841	0.4271	0.7410
	imbal	0.8342	0.1764	0.2892	0.7951
Chromium	hbrPredictor	0.7729	0.8297	0.7939	0.8789
	Farsec	0.6750	0.3484	0.4526	0.7685
	imbal	0.8412	0.3598	0.4996	0.8413
OpenStack	hbrPredictor	0.6061	0.7478	0.6568	0.7842
	Farsec	0.5455	0.2603	0.3497	0.6317
	imbal	0.7524	0.3213	0.4464	0.7295

图 5 − 4 是根据性能指标 Recall、Precision、F1 − score 和 AUC 给出三种方法的 Violin 图展示。在 Recall 和 AUC 方面，hbrPredictor 获得与两个基准方法相似的中点（每个图的中间的白点）。但是，hbrPredictor 的 Precision 和 F1 − score 要比两个基准方法好得多。此外，hbrPredictor 获得的以 F1 − score 和 AUC 表示的图的宽度大于两个基准方法的图的宽度，因此，hbrPredictor 的稳定性优于两个基准方法。

为了给问题 1 提供一个公正客观的结果，我们进一步通过统计分析对性能 hbrPredictor 进行了全面检查。我们通过每次随机分配数据集的方式对每个数据集执行 10 次交叉验证，从而对三种方法（hbrPredictor、Farsec、Imbal）中的每一种执行 30 次。然后，我们通过将 hbrPredictor 的值与两个基线的每一个的 AUC 和 F1 − score 进行比较来计算所取得的 Cliff's Delta 值。

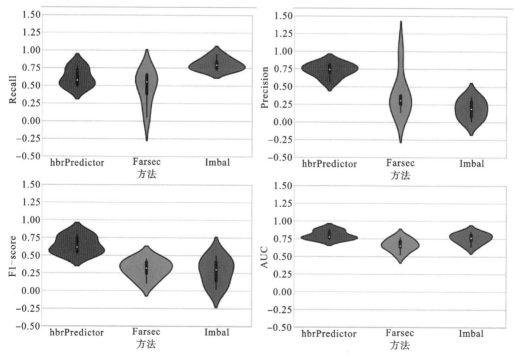

图 5 − 4 三种方法在六个数据集的性能结果 Violin 图展示

（注：图中心黑色粗线表示四分位数全距 IQR (interquartile range)，中心白点表示中值；最小值和最大值由 $(Q1 − 1.5 \times IQR)$ 和 $(Q3 + 1.5 \times IQR)$ 计算得到，而 $Q1$ 和 $Q3$ 是每个性能指标数据范围的第 25 个百分位和第 75 个百分位）

表 5 - 3　hbrPredictor 与两个基准方法 Farsec 和 Imbal 对比 Effect size 值

数据集	方法	F1 - score	AUC
Ambari	Farsec	1.00（Large）	1.00（Large）
	Imbal	1.00（Large）	−0.63（Large）↓
Camel	Farsec	1.00（Large）	0.91（Large）
	Imbal	1.00（Large）	1.00（Large）
Derby	Farsec	1.00（Large）	1.00（Large）
	Imbal	1.00（Large）	1.00（Large）
Wicket	Farsec	0.89（Large）	1.00（Large）
	Imbal	1.00（Large）	−0.41（Medium）↓
Chromium	Farsec	1.00（Large）	1.00（Large）
	Imbal	1.00（Large）	1.00（Large）
OpenStack	Farsec	1.00（Large）	1.00（Large）
	Imbal	1.00（Large）	1.00（Large）

表 5 - 5 为统计测试结果展示，结果表明在所有情况下，hbrPredictor 的 F1-score 均明显优于两个基准方法，其级别为 Large。对于性能指标 AUC、hbrPredictor 的性能优于 Farsec（级别为 Large），但在数据集 Ambari 和 Wicket 上，Imbal 的 AUC 值优于 hbrPredictor，这与表 5 - 4 中所示的结果一致。但是，在数据集 Camel、Derby、Chromium 和 OpenStack 上 hbrPredictor 仍然优于基准方法 Imbal。总体而言，与两个基准方法相比，hbrPredictor 可显著提高安全漏洞报告检测性能。

> **问题 1 实验结果总结**：平均而言，对于评估指标 Precision、F1 - score 和 AUC，hbrPredictor 的 SBR 预测性能表现优于两个基准方法。特别地，对于评估指标 F1 - score，hbrPredictor 在所有数据集都表现最优，且提高显著。

5.5.2　问题 2 结果分析

问题 2：动态停止条件如何影响 hbrPredictor 的性能？

hbrPredictor 旨在在不降低分类模型的安全漏洞报告检测能力的情况下最小化所需的训练数据。最大值与参数 λ_{max} 描述的停止点之间的距离是动态控制人机交互过程的停止点的关键条件。λ_{max} 值越大，模型获得更高性能值的可能性越大，样本标记的成本也越高。为了评估 λ_{max} 对不同规模安全漏洞检测数据集的影响，本章研究使用了不同候选缺陷报告（即 B_c）的比例来设置参数 λ_{max} 的值，因为不同数据集的大小各不相同，很难找到适合 λ_{max} 的绝对值。本章研究中，安全漏洞报告检测的比例设置如下。

- 小规模数据集：50%、20% 和 10%。小规模安全漏洞报告数据集包括 Ambari、Camel、Derby 和 Wicket。

- 大规模数据集：20%、10%、5%、2%和1%。大规模数据集包括 Chromium 和 OpenStack。

为了消除其他终止标准（用户期望值（V_{exp}））的干扰，我们将其设置为最大值 1（在我们研究的情况下这是无法达到的值），这意味着参数 V_{exp} 在迭代过程中将不起作用。在这些设置下，我们使用 train-validate-test 模式对六个数据集执行十折交叉验证。我们计算十折 AUC 和 F1-score 的平均值。

表 5-4 显示了四个小规模数据集在 λ_{max} 不同取值情况下 hbrPredictor 的性能表现。当参数 λ_{max} 为 50% 时，AUC 的范围为 $0.7281 \sim 0.8753$，F1-score 的范围为 $0.5068 \sim 0.7625$，这明显高于 $\lambda_{max} = 20\%$ 时的值。同样，在 $\lambda_{max} = 20\%$ 时获得的 AUC 和 F1-score 远高于在 $\lambda_{max} = 10\%$ 时获得的 AUC 和 F1-score。即随着 λ_{max} 的减小，AUC 和 F1-score 的值减小。

表 5-4 λ_{max} 取值 50%、20% 和 10% 时 hbrPredictor 在四个小规模数据集的性能表现

数据集	$\lambda_{max} = 50\%$		$\lambda_{max} = 20\%$		$\lambda_{max} = 10\%$	
	AUC	F1-score	AUC	F1-score	AUC	F1-score
Ambari	0.7281	0.5966	0.6945	0.5547	0.6137	0.3398
Camel	0.7555	0.5341	0.7404	0.5033	0.6342	0.4984
Derby	0.8753	0.7625	0.7526	0.5687	0.7354	0.4795
Wicket	0.7771	0.5068	0.7771	0.4952	0.7092	0.3881

表 5-5 显示了两个大型数据集的结果，在 Chromium 和 OpenStack 中，λ_{max} 从 10% 变为 5% 时，AUC 和 F1-score 的变化很小；当 λ_{max} 从 5% 变为 2% 时，OpenStack 上的值出现小幅下降，但 Chromium 上的值并未降低。当 λ_{max} 从 2% 降低到 1% 时，两个数据集上的 AUC 和 F1-score 都出现明显下降，Chromium 和 OpenStack 的 F1-score 分别下降 16% 和 25%。

表 5-5 λ_{max} 取值 10%、5%、2% 和 1% 时 hbrPredictor 在两个大规模数据集的性能表现

数据集	$\lambda_{max} = 10\%$		$\lambda_{max} = 5\%$		$\lambda_{max} = 2\%$		$\lambda_{max} = 1\%$	
	AUC	F1-score	AUC	F1-score	AUC	F1-score	AUC	F1-score
Chromium	0.8701	0.7999	0.8814	0.7913	0.8814	0.7813	0.7057	0.6307
OpenStack	0.7889	0.6564	0.7684	0.6464	0.7005	0.5839	0.7048	0.4356

> **问题 2 实验结果总结**：对于动态终止条件 λ_{max}，数据集的规模越大，λ_{max} 的数值越小。
> - 对于小规模数据集（记录 < 10 000 条）：当 λ_{max} < 50% 时，模型性能随着 λ_{max} 值的减小而降低。
> - 对于大规模数据集（记录 ≥ 10 000 条）：当 λ_{max} ≥ 10% 时，改变 λ_{max} 的值对分类模型性能影响非常小；当 λ_{max} < 10% 时，模型性能随着 λ_{max} 值的减小而降低。

5.5.3　问题 3 结果分析

问题 3：hbrPredictor 的效率如何？

为了分析 hbrPredictor 的效率，我们在回答问题1和问题2的实验过程中，对 hbrPredictor 达到最优性能指标 F1-score 时所消耗的训练样本数量进行了记录。表 5-6 展示了 hbrPredictor 在不同的 λ_{max} 设置情况下达到最优 F1-score 所消耗的训练样本数量。

表 5-6　不同停止条件下消耗的训练样本数量

数据集	# total BRs	# B_t	# B_c	λ_{max}	# B_t'	% B_t'
Ambari	1000	100	700	100%	800	80.00
				50%	659	65.90
				20%	299	29.90
				10%	255	25.50
Camel	1000	100	700	100%	800	80.00
				50%	565	56.50
				20%	301	30.10
				10%	199	19.90
Derby	1000	100	700	100%	800	80.00
				50%	721	72.10
				20%	389	38.90
				10%	355	35.50
Wicket	1000	100	700	100%	800	80.00
				50%	458	45.80
				20%	298	29.80
				10%	221	22.10
Chromium	41 940	4 194	29 358	100%	33 552	80.00
				10%	9876	23.55
				5%	7578	18.07
				2%	5509	13.14
				1%	4899	11.68
OpenStack	88 790	8 879	62 153	100%	71 032	80.00
				10%	15 995	18.01
				5%	13 421	15.12
				2%	10 995	12.38
				1%	9979	11.24

注：B_t 为初始训练样本集；B_c 为候选样本集；B_t' 为最终消耗的训练样本集

在每个数据集中，第一行 $\lambda_{max} = 100\%$ 表示停止条件 λ_{max} 不起作用，即迭代该过程一直持续，直到所有候选缺陷报告（B_c）被标记并添加到训练集中（即 $B'_t = B_t \bigcup B_c$）。比较表 5-2（$\lambda_{max} = 100\%$）和表 6-4 中的小规模数据集的 F1-score，很显然，$\lambda_{max} = 50\%$ 时获得的 F1-score 的值非常接近 $\lambda_{max} = 100\%$；但是，所消耗的训练样本数量（即 $\# B'_t$）却大不相同。表 5-6 中，$\lambda_{max} = 50\%$ 时所消耗的训练样本数量远远小于 $\lambda_{max} = 100\%$ 时消耗的数量，例如，对于数据集 Wicket，花费的训练样本数量仅为 $\lambda_{max} = 100\%$ 时的 45%。对于大规模数据集，以 $\lambda_{max} = 2\%$ 获得的 F1-score 已经非常接近 $\lambda_{max} = 100\%$；但是，以 $\lambda_{max} = 2\%$ 计算的训练样本数量要少得多，例如，$\lambda_{max} = 2\%$ 时 OpenStack 数据集上需要的训练样本数量仅占总数的 12%。因此，总体而言，hbrPredictor 可以有效地减少所需的训练样本数量而不降低模型的检测准确性，尤其是对于大规模数据集而言，减少的数量更加可观。

> **RQ3 实验结果总结**：hbrPredictor 可以极大地减少分类模型训练所需要的样本数量。
> - 对于小规模数据集（记录<10 000 条），hbrPredictor 所需的训练样本数量为样本总数的 45%～72%。
> - 对于大规模数据集（记录≥10 000 条），hbrPredictor 所需训练样本数量大约为样本总量的 15% 左右。

5.6　讨论与小结

5.6.1　数据标记

本章所设计的安全漏洞报告检测方法 hbrPredictor 在实际应用过程中需要人工专家参与其中，对主动学习方法选择的缺陷报告进行标记（即判断是 SBR 或者 NSBR）。尽管在本章研究中使用了现成的 SBR 数据集标签，但是手动数据标注仍然是人机交互中的重要组成部分。在本小节中，我们进行了一个小规模的人工样本标注研究，以度量 hbrPredictor 对于实际项目应用的效率提高情况。

人工数据标注总共涉及九名成员（两名软件测试工程师，一名博士生和六名硕士研究生）。首先让每人标注 100 个缺陷报告样本，并根据它们标记这 100 个样本的准确性将九名标注人员划分为三组（即 Senior、Normal 和 Junior）。我们选择 Chromium 项目的数据进行人工标注实验，因为大型项目的自动化处理在实践中更有意义。但是，考虑到人工标注 4 万多条记录所需的高昂时间成本，我们采取一种折中方法，即从 Chromium 数据集中随机选择 500 条记录进行标记。每个标注人员独立手动标注 500 个样本并记录其所花的时间。其次，我们根据标签结果和实际样本标签计算每位标记人员的标记性能（Recall、Precision 和 F1-score）。

表 5 - 7　人工标注 500 个样本所需时间成本和性能

分组	成员	Cost/min	Recall	Precision	F1 - score
Senior	1	75	0.975	0.9512	0.963
	2	91	0.925	0.881	0.9024
	3	105	0.95	0.9268	0.9383
Normal	4	95	0.9	0.878	0.8889
	5	135	0.925	0.8605	0.8916
	6	150	0.875	0.7778	0.8235
Junior	7	198	0.75	0.6667	0.7059

表 5 - 7 显示了手动标注 500 条记录的时间成本和所得到的 Recall、Precision 和 F1 - score。Senior 标注人员的性能明显较高，F1 - score 可达 0.9630。由此得出，缺陷报告的数据标签正确性与标注人员的专业水平高度相关，因此强烈建议有经验的专业人员来承担此项标注任务。此外，相同数据最好由至少两个标注人员来进行标注以提高标签的正确性。从 Cost 列看出，标记 500 条记录的时间成本从 75 分钟到 305 分钟不等，Senior 人员的速度更快，特别是比 Junior 标注人员快许多。根据为每个标注人员进行样本标注的时间成本，标记 hbrPredictor 在 Chromium 数据集所消耗的记录（即 5509 条记录）的成本范围为 826~3360 min；而如果不使用 hbrPredictor，则需要标注所有数据样本（即 41 940 条记录），其所需消耗时间成本在 6291 min 和 25 583 min 之间。因此，对于大型数据集，hbrPredictor 可大幅节约样本标注成本。

5.6.2　有效性威胁

内部有效性威胁：hbrPredictor 的脚本的正确性。hbrPredictor 的脚本是在本课题第 4 章研究基础上开发的，本章研究中我们对其进行了仔细检查以确保其正确性。另一个内部有效性威胁是机器学习的随机性。由于机器学习的固有性质，即使对于同一数据集，也很难确保每次运行可以获得完全相同的结果。为了减轻这种影响，我们使用十折交叉验证来减小偏差。此外，我们还将 hbrPredictor 与每种基准方法进行比较并进行了统计测试分析。

外部有效性威胁：外部有效性威胁是本章研究结果的泛化能力。为了缓解这个问题，首先，我们采用来自不同应用领域的软件系统数据集以提高数据的多样性；其次，这些数据集的规模大小不同；最后，本章研究所使用的数据集是课题研究第 4 章中已经进行过初步噪声处理，与已有研究相比较，其数据质量已得到一定提高，从而增加了实验结果的可靠性。

5.6.3　小　　结

安全漏洞报告检测由于其长期的实际需求而成为重要的研究课题。本章设计并实现一种自动化安全漏洞报告检测工具 hbrPredictor 用以从大规模缺陷报告库中识别安全漏洞报告。通过主动学习与交互式机器学习相结合进行训练样本标记，以节省样本标记工作量。通过六个数据集上的安全漏洞报告检测对 hbrPredictor 的有效性进行评估，结果表明，与两个基准方法相比，hbrPredictor 更加有效；并且，hbrPredictor 仅需少量的标记训练样本，可以极大地节约数据标记成本。

第 6 章

基于层次先验知识循环特征
学习的架构漏洞报告检测

相比编码级安全缺陷，架构设计相关安全缺陷从存在于开源缺陷跟踪系统到公布，到 CVE 公开披露时间较长，如图 6-1 所示，架构安全缺陷公开披露的时间大于 1 年的明显多于编码级缺陷，且随着披露时间的延长，架构安全缺陷报告逐渐占据更高的比例。虽然之前的研究主要针对识别安全缺陷报告，但是却没有细粒度地聚焦于识别更严重的架构安全缺陷报告，这些报告可能披露更长的时间，以及更多的由终端用户提交，更加难以检测和修复。此外，出现错误标记的原因有多种，从开发团队缺乏安全专业知识，到某些问题的模糊性，例如，非安全缺陷可能会以间接方式利用，造成安全影响。标记错误是一个严重问题，因为其将导致安全专家不得不以昂贵且耗时的工作手动评审缺陷跟踪数据库，因此迫切需要将自动安全缺陷报告分类引入软件工程实践中。

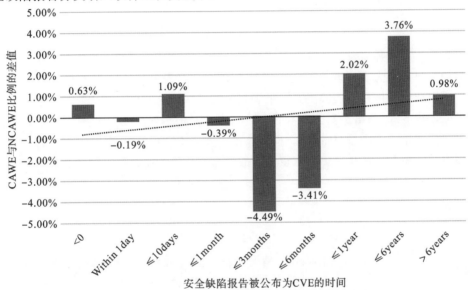

图 6-1　架构漏洞与非架构相关漏洞披露时间对比

6.1　软件架构漏洞

软件安全缺陷包括设计级别安全缺陷（即软件架构级别安全缺陷）和实现级别安全缺陷，相比于实现级别安全缺陷来源于软件实际编码，设计级别安全缺陷是更高层次以及抽象的安全缺陷。软件架构安全缺陷是由于设计错误导致的安全缺陷，常见于软件的安全功能特性中。

为了开发高质量安全可靠的软件，架构师需要在满足功能属性的前提下，重点关注并且保障软件的质量属性。质量属性是软件体系结构设计中需要考虑的重要概念。它对软件体系结构的设计起到了评估、修正、补充等重要作用，用以提高软件体系结构设计的质量。软件质量属性可分为可用性、可修改性、性能、安全性、可测试性、易用性六种，其中安全性已经成为不可忽视的质量属性（由于网络攻击的不断加剧）。因此，架构设计的目标即是为满足架构需求（质量属性）寻找适当的"战术"。如图 6-2 所示，一种或多种软件架构安全战术组成软件的架构设计模式，软件设计模式指导软件的编码过程并最终实现软件的发布。

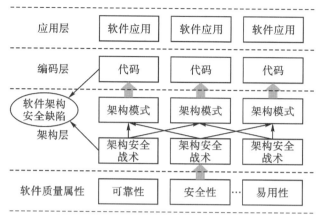

图 6-2　软件架构安全缺陷存在周期

具体来说，架构师需要通过设计来构建安全的软件，其中系统必须从头开始设计，以确保安全和抵抗攻击。为了实现这一目标，软件架构师首先与不同的利益相关者确定安全需求，而后采用适当的体系结构解决方案来满足这些需求。这些体系结构解决方案通常是基于安全战术的，表 6-1 列出了安全战术的全面列表，其根据对攻击目标的不同策略可以分为抵抗攻击（如战术"识别参与者"）、检测攻击（如战术"检测入侵"）、对攻击的反应（如战术"锁定计算机"）和从攻击中恢复（如战术"维护审计跟踪"）四种类型。

表 6-1　软件架构安全战术的分类

安全战术目标类别	安全战术
检测攻击	检测服务拒绝、检测入侵、验证消息完整性、检测消息延迟
抵抗攻击	识别参与者、参与者身份验证、授权参与者、限制访问、限制暴露、加密数据、单独实体、更改默认设置
对攻击的反应	重新打开访问权限、锁定计算机、通知参与者
从攻击中恢复	服务恢复、维护审计跟踪

尽管人们在设计安全系统方面做出了重大努力，但由于持续进行的维护活动，安全性还是会慢慢下降。即使一些在设计上看似无害的改变，也可能会导致安全性的退化。这样，在源代码中正确实现体系结构安全战术就显得尤为重要，但是研究表明，即使预先选择了合适的安全战术，开发人员（尤其是经验不足的开发人员）在编码和维护活动中还会出现不正确实施安全战术导致系统安全体系结构存在安全缺陷的情况，即架构安全缺陷。

在我们的研究中，我们识别架构安全缺陷报告以帮助开发者尽快识别和修复此类安全缺陷。我们根据 Santos 等[101] 提出的 CAWE（Common Architecture Weakness Enumeration）的分类来进行标记，通过安全战术关键字搜索和手动分析 CWE 描述，即分析了常见 CWE 类别中不同类型的战术漏洞和常见的编码漏洞。CAWE 目录是通过结合 CWE 和安全策略来创建的，这些策略描述了软件系统中的架构弱点，并提供了缓解技术措施。目前，CAWE 目录根据 12 种安全策略的影响进行分类，包含 224 个不同漏洞类别。

6.1.1　软件架构漏洞概述

CWE 是社区开发的常见软件和硬件安全漏洞分类法，可用作通用语言、安全工具的衡量标准，以及缺陷识别、缓解和预防工作的基准。在软件或硬件部署之前没有消除的缺陷，就有可能会成为可利用的漏洞，CWE 是 CVE 记录的关键属性之一。CWE 列表中记录了 1000 多个软件漏洞类别，但它并没有明确的区分架构缺陷（即植根于软件架构的安全问题）和纯编程问题。软件架构缺陷目录（CAWE）系统地将 CWE 列表中的条目分类为体系结构上的弱点和编码错误，基于此我们能够识别它们可能影响的常见架构漏洞和安全策略。

如图 6-3 所示，CAWE 目录包含 12 个安全战术相关的架构安全缺陷类别，这个目录显示了在最高级别的软件架构安全战术类别。此视图在图中显示出的类别为高级类别，代表软件开发安全设计方法安全战术缺陷，而每个高级类别下面包含其具体分类的低级别 CWE 条目。CAWE 类别本质上是特殊的高级抽象 CWE 条目，其包含的低级缺陷 CWE 是包含共同特征的分组，构成不同抽象级别的架构安全缺陷之间的树状关系。

CAWE 目录的架构安全缺陷包含三种缺陷模式：

（1）遗漏缺陷，在架构时遗漏了必要的安全战术；

（2）委托缺陷，指可能导致不良后果的错误安全战术选择；

（3）实现缺陷，采用了适当的安全策略，但未正确实施。

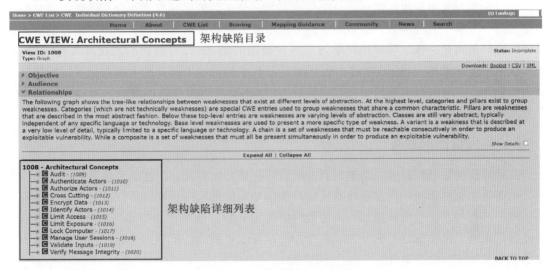

图 6-3　软件架构安全缺陷目录

软件架构安全缺陷目录可以帮助架构师和开发人员学习尽量避免通用的体系结构中的软件架构缺陷安全问题。由于 CAWE 目录是按安全战术组织的，因此架构师和开发人员也可以识别与特定安全战术相关的潜在缺陷。例如，在"参与者身份验证"战术的情况下，"身份验证绕过"或"客户端身份验证"缺陷可能会出现在实现此战术的系统中。

6.1.2　层级性多元标签模型

层级性多元标签分类是文本分类中的一类特殊任务，即样本对应标签数量为一个或多个，而且标签具有层级关系。例如，一个电视产品既属于"大家电"也属于"家用电器"，而"大家电"标签是"家用电器"标签的子类,这样的标签联系称为层级结构标签。

在层次性多元标签分类问题中,文本与类别可以组成一个二元组。每个二元组都包含文本描述及其预期的类别,其中同一文本的不同类别标签以层次结构组织起来。对于类别标签,给定 H 层次中定义的可能类别 $C=(C^1, C^2, \cdots, C^H)$,其中,$C^i=\{c_1, c_2, \cdots, c_i\} \in \{0, 1\}|C^i|$,是第 i 个层次中可能的类别集,$|C^i|$ 是第 i 个层次中的类别数,K 是类别的总数。层次性多标签任务可以表示为,给定一组具有预期层次类别的 M 个文档 $X = \{(D_1, L_1), (D_1, L_1), \cdots, (D_M, L_M)\}$,分类模型 Ω 学习目标为集成二元组文本 D 和相应的层次类别结构 Y 的参数,用于预测文档的层次类别 L:

$$\Omega(D, Y, \theta) \to L \qquad (6-1)$$

其中 $D_i=\{w_1, w_2, \cdots, w_N\}$,通常可以表示为 N 字序列。$L_1=\{l_1, l_2, \cdots, l_H\}$,是分配给文档 D_i 的预期层次类别集合。

层级性多元标签文本分类的现有方法可以分为两种策略:局部方法和全局方法。

(1)局部方法倾向于构建多个分类模型,然后以自上而下的方式遍历层次结构。局部方法近期研究聚焦于构建每个节点的局部分类器[102]、每个父节点的局部分类器[103]和每层的局部分类器。然而这些模型包含大量的参数,很容易由于缺乏整体结构信息而导致曝光偏差(Exposure Bias),即一旦预测前缀过程中存在错误,会导致错误传播使得后续生成的序列偏离真实分布。

(2)全局方法将层级性多标签分类问题视为一个平面的多标签文本分类问题,即对所有标签使用一个单一的分类器。最近的全局方法引入了各种策略来利用自顶向下路径的结构信息,如递归正则化、强化学习和元学习。本章采用的是 Zhou 等提出的层次标签编码方式,即对标签构建标签树,利用图卷积神经网络学习标签的层次表征,从而增强分层标签的文本表示。此外,本书将层次编码学习过程转换为以 GRU 单元为基础的层次学习过程,仅需一个分类器,即可逐层递进学习,也减少了文本层次表征参数。

6.1.3 先验知识融合

深度神经网络虽然能够自动学习到一些可区分度好的特征,但在低资源场景下或小样本下,模型往往会拟合到一些非重要特征,导致模型局部抽取一些噪声特征。为了解决这一问题,理论可行的方法是给模型加入人为设计的先验知识,能够让模型学习到一些关键特征。在此我们采用了两种流行的先验知识融合方法,即基于预训练模型的先验知识融合和基于辅助学习的先验知识模型融合。

谷歌提出 BERT 模型以来,以预训练模型形式进行的迁移学习已经成为 NLP 领域的主流,并在低资源场景下文本分类识别的效果取得了突破。BERT 利用自监督学习方法在大规模无标注语料上进行预训练,从而捕捉文本中的丰富语义信息,在下游 NLP 任务中根据任务类型对 BERT 预训练模型参数进行微调即可取得更好的任务效果。

具体来说,BERT 模型使用两个新的无监督预测任务进行预训练,分别是 Masked LM(MLM)任务和下一句预测任务。MLM 任务在句子中随机遮盖一部分单词,与从左到右的语言模型预训练不同,MLM 目标允许表征融合左右两侧的语境,从而预训练一个深度双向 Transformer,通过同时利用上下文的信息预测遮盖的单词可以更好地根据全文理解单词的意思。下一句预测任务可以让模型能够更好地理解句子间的关系。

为了使 BERT 适应目标任务，需要在任务特定数据集进行微调。微调时需防止出现过拟合问题，因此微调需要利用一个更好的优化器和适当的学习率。具体来说 BERT 在源域（通用领域）的预训练包含通用的语义信息，因此可以用不同的学习率在任务数据集微调使其适应特定任务。BERT 预训练模型微调可以形式化为将参数 θ 切分为 $\{\theta^1, \theta^2, \cdots, \theta^l\}$，并进行更新的过程，最终模型整体参数更新公式如下：

$$\theta_t^l = \theta_{t-1}^l - \mu^l \cdot \nabla_{\theta^l} J(\theta) \tag{6-2}$$

式中，θ^l 表示为第 l 层的参数；μ^l 表示第 l 层的学习率。

预先训练好的语言模型大多遵循训练前的微调范式，并在各种下游任务上取得了很好的性能。然而预训练阶段通常是与任务无关的，而微调阶段通常存在监督数据不足，因此仅在任务数据集微调预训练模型不能总是很好地捕获特定领域和特定任务的模式。为此，一种新的训练范式被提出，以解决在小样本下的微调问题，即在对下游任务进行微调之前，直接在领域内文本进一步预训练语言模型。

为了学习到低资源场景下架构安全缺陷报告的文本表征向量，我们通过在大量未标记缺陷报告和 NVD 漏洞描述中进一步预训练 BERT 模型，使之能够适应领域任务。然后进一步将进一步预训练的任务在目标任务数据集进行微调，以得到文本表征向量。

6.2　架构安全缺陷报告检测模型设计

面对快速迭代的软件产品发布流程，优先识别和修复最严重的缺陷是保障软件质量的关键。一般来说，缺陷是由测试人员或用户发现，并提交缺陷报告交由开发人员修复。但是由于测试人员或用户缺乏安全经验，在标记时可能会遗漏大量的安全缺陷报告，软件安全工程师手动挖掘和识别项目中的安全缺陷报告是非常耗时耗力的。尤其是架构缺陷报告作为更为严重的安全缺陷，其识别和发现更为困难，例如架构缺陷报告从问题跟踪系统的首次提交到确定为安全缺陷，并提交到 CVE 的时间明显大于其他安全缺陷。为此本章针对自动化架构安全缺陷报告进行检测，其不仅能够在开发人员提交缺陷报告时实时辅助报告者确定缺陷类型和优先级，以此优先修复架构缺陷，并且开发人员可以根据报告的架构缺陷类型追溯对应的架构战术实现快速修复。此外，对于已存在的缺陷报告，该工具也可以识别出未被标记的架构安全缺陷，交由开发人员修复以防止长期公开披露在缺陷跟踪系统中，增加软件的安全风险。而真实场景下架构缺陷报告数据集处于低资源的现状，即标注样本较少。现有的缺陷报告检测模型依赖于大量高质量标记数据，因此很难适用于低资源场景下的架构安全缺陷报告检测。其检测的主要难点是，小数据集下多个架构缺陷类别的分布不均匀，因此模型很难学习到类别之间的区分性特征。

基于此，我们提出了一个 Hiarvul 模型，通过结合文本和层次结构，将文档逐级分类为最相关的类别。具体来说，我们首先应用了一个文档表示层来获取文本和类别的语义编码。然后，我们设计了一个基于层次注意的循环层，通过自上而下的方式捕获文本和层次结构之间的关联，来建模不同层次之间的依赖关系。之后，我们设计了一种混合方法，它能够预测每个层次的类别，同时精确地对整个层次中的所有类别进行分类。

本章所提出的方法框架主要分为三部分：缺陷报告表征学习模块，标签层次表征学习模块以及层次循环特征学习模块。在缺陷报告表征学习模块，为了学习到更丰富的语义表示，我们通过微调由领域数据进一步预训练的 BERT 模型得到文本嵌入表征。在标签层次表征模块，我们根据软件架构安全战术分类方法构建标签层次树，通过层次图卷积神经网络（GCN）学习具有层次信息的标签表征向量。层次循环特征学习模块通过分层次地学习标签与文本的交互信息，不仅能指导模型逐层学习不同战术类别的特征，也可以通过与标签层次表征向量的交互得到更精确的分类表征。

6.3　基于领域预训练的缺陷报告特征学习方法

本章的第一阶段旨在生成缺陷报告语义感知的文本嵌入向量，为此我们通过进一步预训练 BERT 模型在领域语料库实现句子上下文的语义感知。如图 6-4 所示，领域语料库包括收集未标记的大量缺陷报告和 CVE 安全缺陷描述，此语料库包含了缺陷报告的单词上下文信息以及安全领域单词的上下文信息。

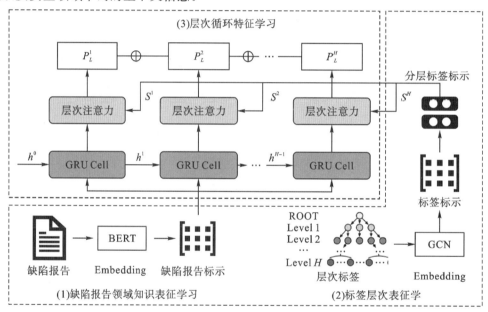

图 6-4　Hiarvul 模型框架

6.3.1　领域知识数据集选取

对于领域知识的预训练语料库，我们选取了两个不同任务的数据集。第一个为缺陷报告分配任务数据集 DeepTriage，这一数据集的预训练能够提供语义更丰富的缺陷报告表示。第二个数据集为来自 NVD 的漏洞描述数据，旨在融合安全领域知识，以得到更准确的安全词汇表征向量。

DeepTriage 数据集包含三个流行的 Web 浏览器项目的缺陷报告，分别是 Chromium、Mozilla Core、Firefox。缺陷报告一般包含缺陷 ID、缺陷类型，以及对该缺陷的总结描述（缺陷摘要）和报告者对缺陷的详细描述（缺陷描述）。本章将缺陷标题和缺陷描述拼接组成一条缺陷报告数据，图 6-5 所示为 Chromium 项目的一个缺陷报告，其包含缺陷 ID（is-sue：571121））、缺陷标题、缺陷描述，因此该条数据的文本语料库为缺陷标题和缺陷描述拼接而成。这三个项目的所有缺陷报告数据组成了一个大型的缺陷报告语料库，其蕴含了大量的缺陷报告描述语法和语义信息。

对于安全领域数据集语料库，本章选择了 NVD 的漏洞描述。如图 6-6 所示，NVD 漏洞描述来源于为识别、定义和编目公开披露的网络安全漏洞数据库 CVE，NVD 目录中的每个漏洞都有一个 CVE 记录。特别需要注意的是，信息技术和网络安全专业人员使用 CVE 记录来确保他们正在讨论同一问题，并协调他们的工作以优先考虑和解决漏洞。CVE 数据库的这些漏洞被发现之后由与 CVE 计划合作的世界各地的组织分配和发布，并且合作伙伴发布 CVE 记录以传达对漏洞的一致描述。因此，NVD 的漏洞描述包含了丰富的安全领域知识，包括开发人员对发现漏洞的描述与解释，可以作为安全领域知识语料库。

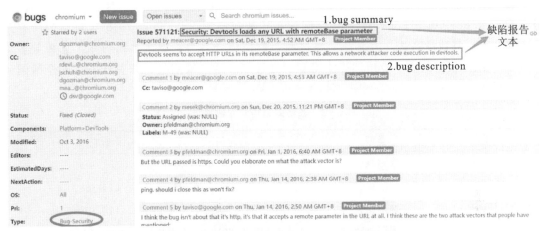

图 6-5　软件架构缺陷报告特征学习表征过程

图 6-6　软件架构缺陷报告特征学习表征过程

对于 NVD 漏洞描述数据，本章首先从 NVD 网站上抓取了 136 050 个 CVE 数据，这些 CVE 数据发布于 1996 年至 2019 年 12 月 31 日，涵盖了流行的开源项目，如安卓、Flash 播放器、Leap、Firefox、Mysql、JRE、PHP、Chrome、Linux 内核等。每条数据包含 CVE 索引（如 CVE－2018－18882）、CWE ID、漏洞描述和参考链接。在 136 050 个 CVE 中，本章最终提取了 91 122 个具有特定 CWE ID 的漏洞描述，并使用这些数据来作为安全数据领域学习。

经过缺陷报告和 NVD 数据集的获取和构建，本章最终得到了用于领域特征进一步预训练的语料库。如表 6－2 所示，缺陷报告分配数据集包含三个大型的开源项目的缺陷报告，时间跨度最少为 8 年。Chromium 项目的缺陷报告下载于 2008 年 8 月（Issue ID：2）至 2016 年 7 月（Issue ID：633012），共包含 383 104 个缺陷报告。还有 Mozilla 缺陷存储库的两个流行组件的数据：Mozilla core 和 Firefox，数据下载截止 2016 年 6 月提交的缺陷报告，分别为 314 388 个和 162 307 个。NVD 漏洞描述数据集为 1996 年到 2019 年积累的所有漏洞描述文本，其数量高达 9 万多条。将这两个数据集合并为领域文本语料库，总数量多达 95 万条，因此模型的进一步预训练使得知识迁移能够适应缺陷报告相关任务和安全漏洞分类相关任务。

表 6－2　领域知识语料库数据集

项目名	类型	分布时间	数量
Chromium	缺陷报告	2008 年 8 月至 2016 年 7 月	383 104
Mozilla Core	缺陷报告	1998 年 4 月至 2016 年 6 月	314 388
Firefox	缺陷报告	1999 年 7 月至 2016 年 6 月	162 307
NVD	漏洞描述	1996 年 5 月至 2019 年 12 月	91 222
总计	领域文本	—	951 021

6.3.2　领域知识特征学习

本章选用谷歌的 BERT－Base 作为文本表征的预训练模型，BERT－Base 是大型语料库 Wikipedia 和 BookCorpus 的预训练模型，拥有一个包含 12 层，768 维，12 个自注意头，110M 参数的神经网络结构。此外，我们选用的版本为 Uncased 版本，文本在标记化之前已经转换成小写，同时还移除了重音标记。为了改进对稀有词的处理，本章将领域语料库文本的词分成一组有限的公共子词单元"词条"，用于输入和输出。这种字节序列编码方式在"字符"定界模型的灵活性和"词"定界模型的效率之间提供了很好的平衡，自然地处理了罕见词的表征。语料库文本通过将切分后的字词映射到 BERT 的词汇文件，最终将切分标记后的文本输入 BERT－Base 模型，进一步训练下载的预训练模型权重，即 TensorFlow 检查点 bert_model.ckpt。

通过在领域文本的进一步预训练，我们得到了领域适应的 BERT 模型。为了使模型能适应架构安全缺陷报告检测任务，本章将进一步预训练的模型通过缺陷报告文本进行微调，以此通过迁移学习将模型参数转换到缺陷文本的表征。缺陷文本经过中间预训练 BERT 模型，将最后一层的第一个 token 即［CLS］的隐藏向量作为句子的表示，最终得到了适应安全领域以及架构缺陷报告任务的有效单词上下文表征向量 V。这一句子表征 V 作为层次特征循环层分类单元的输入。

6.4 基于层次 GCN 的标签表征学习方法

对于模型的专家先验知识引入，能够辅助指导模型学习到具有类别区分显著的特征以及具有泛化能力的特征。本章将多分类问题根据专家经验转换为层级性多元标签问题。因此，如何根据专家知识将多分类任务转换为层级性多元标签的关键是构建层次标签树。利用标签之间的层次信息能够有效提高模型的学习能力，之前的标签节点表征采用随机的向量表征，无法获得层次相关的信息。为了更有效表征和学习标签之间的层次关系，本章设计了一种层次 GCN 来学习标签树节点的编码向量。此外，本章通过引入标签节点先验概率，能够预先对需要聚合的节点邻居设置聚合权重，简化了标签的邻居特征聚合学习参数。具体过程如图 6-7 所示。

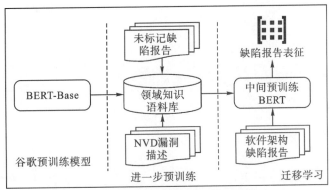

图 6-7 软件架构缺陷报告特征学习表征过程

6.4.1 层次标签树构建

为了构建层次标签树，我们采取了软件架构安全缺陷的现有分类树，即架构，攻击策略类别和安全战术三个层次的标签树。如图 6-8 所示，本章原先的多分类任务标签为第四层所示，即不同的安全战术类型和非战术。例如安全战术类别 1，按照安全架构缺陷分类属于检测攻击相关，因此其对应的标签路径为架构→检测攻击→战术 1。根据预定义的层次结构和语料库标签相关性的先验知识，本章通过专家经验实现规定的战术类别，将其转换为一个四层的标签树。标签树从上到下依次是根节点，架构安全缺陷类型，攻击相关类型，安全战术类型。此外，对于非架构安全缺陷来说，其在第二层便可得到其真实标签，为了兼顾标签树的完整以及层次循环特征学习的有效性，我们在第三、第四层为其构建了虚拟节点。

对于构建好的标签树，需要学习其标签层次之间的关系，以得到符合层次关系的表征。为此，本章利用标签依赖关系的先验概率作为先验层次结构知识，通过利用数据集中的先验信息，可以更好地学习标签之间的层级关系。本章通过构建标签树从上到下的路径先验概率以及从下到上的概率，以方便从两个方向学习到标签之间的交互信息。具体来说，假设标签树在父节点 v_i 和子节点 v_j 之间存在一个层次结构路径 $e_{i,j}$。该边特征 $f(e_{i,j})$ 由先验概率 $P(U_j \mid U_i)$ 和 $P(U_i \mid U_j)$ 表示为

$$P(U_j \mid U_i) = \frac{P(U_j \bigcap U_i)}{P(U_i)} = \frac{P(U_j)}{P(U_i)} = \frac{N_j}{N_i},$$

$$P(U_i \mid U_j) = \frac{P(U_i \bigcap U_j)}{P(U_j)} = \frac{P(U_j)}{P(U_i)} = 1.0$$

式中，U_k 表示 v_k 是否存在；$P(U_j \mid U_i)$ 是给定 v_i 发生的 v_j 的条件概率；$P(U_j \bigcap U_i)$ 是 v_i、v_j 同时发生的概率；N_k 是指训练子集中 U_k 的数量。此外，我们重新缩放子节点的先验概率并归一化，使之总和为 1。

简言之，层次标签树同一父节点的不同子节点类别数量比例为父节点到子节点路径的先验概率，子节点到父节点的先验概率为 1。此外，对于虚拟节点父节点和子节点的相互路径概率均为 1。

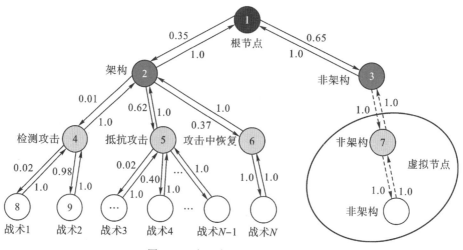

图 6-8　标签树的层级构建过程

6.4.2　标签层次特征学习

本章设计了一种层次图卷积神经网络（GCN）用于学习包含层次关系的标签表征。GCN 是一种卷积神经网络，可以直接在图上工作，并利用图的结构信息。对于每个节点，除了自身的特征，也从它的所有邻居节点处获取其特征信息。GCN 的本质是逐步更新学习邻居的特征值以及对应权重，也包括自身节点的加和平均，并最终通过神经网络返回每一个图节点的向量表示作为最终节点表征。

层次结构 GCN 通过聚合自上而下、自下而上和自循环边缘中的数据流来得到对应标签树的节点表征。如图 6-9 所示，对于标签树第二层的标签节点 2，其包含根节点 1 的自上而下的聚合特征，还包含其在第三层子节点 4、5、6 自下而上的聚合特征，以及它自己的自循环特征。经过聚合权重，其最终输出 h_2 作为它的节点表征。标签树中的每个有向边代表一个成对的标签相关特征，因此这些数据流应该使用边缘线性变换进行节点转换。然而，边缘级转换将导致过度参数化的边缘级权值矩阵，为了解决这一问题，本章的层次结构 GCN 采用一个加权的相邻矩阵简化了这个变换。这个加权的相邻矩阵表示即为事先构建的层次先验概率。形式上，层次结构 GCN 根据节点 k 的关联邻域 $N(k) = \{n_k, \ c(k), \ p(k)\}$，将节点 k 的隐藏状态编码为

$$u_{k,j} = a_{k,j}v_j + b_l^k$$
$$g_{k,j} = \sigma(W_g^{d(j,k)}v_k + b_g^k)$$
$$h_k = \text{ReLU}\left(\sum_{j \in N(k)} g_{k,j} \odot u_{k,j}\right)$$

式中，$W_g^{d(k,j)} \in R^{\dim}$，$b^1 \in RR^{N \times \dim}$ 和 $b_g \in R^N d(j,k)$ 表示从节点 j 到节点 k 的层次化方向，包括自上而下、自下而上和自环边。此外，$a_{k,j} \in R$ 表示层次概率 $f_{d(k,j)}(ekj)$，其中自环边使用 $a_{k,k}=1$，自上而下边使用 $f_c(e_{j,k})=N_k$，自底而上边使用 $f_p(e_{j,k})=1$。整体边缘特征矩阵 $F = \{a_{0,0}, a_{0,1}, \cdots, a_{C-1,C-1}\}$，表示有向层次图的加权相邻矩阵。最后，节点 k 的输出隐藏状态 h_k 表示对应于层次结构信息的标签表示，以此输出了标签树除根节点之外所有节点的表征向量。为了获得与标签交互的层次向量，我们对输出所有的节点表征向量按照所在层次切分，即第二层的层次向量 S^2 为节点 2 和节点 3 的隐藏向量 h_2，h_3。最终我们得到分层的标签节点表示用作层次循环特征学习的标签输入。

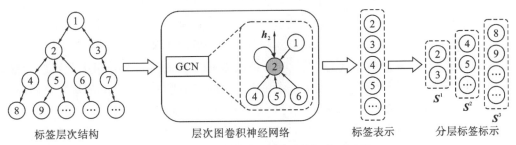

图 6-9　基于层次 GRU 标签特征学习过程

6.5　层次循环特征学习

在获得了文本的统一表示和层次类别结构的表示之后，我们提出了一种层次循环特征学习方法，通过以自上而下的方式逐步利用层次结构，来对不同层次之间的依赖关系进行建模。在每个类别级别上，它还可以将相应的层次语义表示转移到下一层。这种层次语义表示与人类的阅读习惯一致，即人们通常从浅到深理解文档的概念。此外，通过基于层次交互的注意力机制来捕捉文本和类别之间的关联，可以生成相应类别级别的统一表示和预测。

6.5.1　缺陷报告层次循环特征学习

由于层级性标签在父类和子类存在共性和差异性，因此有必要从上到下对文本语义表示对类别层次的贡献进行限定，本章提出了一种基于层级数量进行循环特征学习的方法。对于一个层级的标签体系，各个节点的表征向量应该具有如下特性：同父类的子节点应该继承父类的某些共性特征，彼此之间还存在某些差异，而且这些特征应该能从数据集中的文本体现出来。如图 6-10 所示，本章将文本特征学习过程建模为一个完全循环的网络，该网络受门控循环单元（GRU）网络启发，是一个以 GRU Cell 为基础的循环网络架构。h^H 为 h 层学习到的该层特征信息，作为记忆信息进行传递学习。

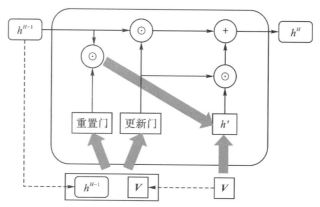

图 6 - 10　层次循环的 GRU Cell 单元结构

在层次循环特征学习网络中，循环网络展开所产生的每次迭代都涉及一个层次级别。本章将具有 3 个层次级别（排除根节点）的层级性多标签分类问题建模为一个被展开成 3 次迭代的循环网络。循环网络采用基于 GRU 的架构建模提供了梯度调节的进一步优势，防止了梯度消失。此外，我们仍然进行了随机裁剪，以避免循环过程中的梯度爆炸。图 6 - 10 描述了我们层次循环特征结构的基本单元，其实现是基于原始的 GRU Cell。本章通过将第 h 层次（即循环迭代）封装在单元状态 h^{H-1} 中，该状态通过重置门和遗忘门进行更新和修改。不同于传统的 GRU 网络，该网络以句子中每个单词的表征作为循环单元的输入，循环次数为句子长度（单词的长度）。本章每个循环单元的输入均为缺陷报告的文本表征，通过在每次迭代中连接领域知识学习到的缺陷报告文本表征作为输入特征，可以更灵活地访问原始数据和学习层级差异。此外，本章的循环特征网络层次为标签树的层次数量，这样便于学习到每个层级的有效特征。

本章所设计的层次循环特征网络通过门控机制使循环神经网络不仅能记忆过去的信息，同时还能选择性地忘记一些不重要的信息而对长期语境等关系进行建模，以及在保留长期序列信息下减少梯度消失问题。层次循环单元包含两个门，即重置门（reset gate）和更新门（update gate），这两个门控向量决定了哪些信息最终能作为门控循环单元的输出。重置门决定了如何将新的输入信息与上一层级的学习信息记忆相结合，更新门定义了上一层级的特征需要保存到当前层级的量。这两个门控机制的特殊之处在于，它们能够保存整个层级关系的信息，且不会随时间而清除或因为与预测不相关而移除。下面详细介绍层次循环特征的基础单元的层级特征传递过程。

重置门 R_t 主要决定了上一层级的特征有多少需要遗忘，重置门有助于捕获序列中的短期依赖性，使用以下表达式计算：

$$R_t = \sigma(VW_{xr} + h_{H-1}W_{hr} + b_r) \qquad (6-3)$$

其中，上一层级输出隐藏信息 h_{H-1} 和缺陷报告原始表征 V 先经过一个线性变换，再相加输入 Sigmoid 激活函数以输出激活值。

更新门帮助模型决定到底要将多少上一层的信息传递到下一层，或前一层次和当前层次的信息有多少是需要继续传递的，更新门有助于捕获序列中的长期依赖关系，这使模型能决定从过去复制的信息以减少梯度消失的风险。

$$Z_t = \sigma(VW_{xz} + h_{H-1}W_{hz} + b_z) \qquad (6-4)$$

其中 $\boldsymbol{V}$ 为缺陷报告的输入向量，即输入序列 X 经过预训练 BERT 模型得到的缺陷报告初步表征向量，它会经过一个线性变换（与权重矩阵 $\boldsymbol{W}_{zz}$ 相乘）。$\boldsymbol{h}_{H-1}$ 保存的是前一层次 $H-1$ 的信息，它同样也会经过一个线性变换。更新门将这两部分信息相加并投入到 Sigmoid 激活函数中，因此将激活结果压缩到 0 和 1 之间。

接下来，通过元素相乘来减少先前状态的影响 $\boldsymbol{R}_t$ 和 $\boldsymbol{h}_{H-1}$，即整合重置门 $\boldsymbol{R}_t$ 使用中的常规潜在状态更新机制，新的记忆内容将使用重置门储存过去相关的信息，生成层次 H 的候选隐藏状态 $\tilde{\boldsymbol{H}}_t$：

$$\tilde{\boldsymbol{H}}_t = \tanh\left(\boldsymbol{X}_t\boldsymbol{W}_{xh} + (\boldsymbol{R}t \odot \boldsymbol{h}_{H-1})\boldsymbol{W}_{hh} + \boldsymbol{b}_h\right) \tag{6-5}$$

式中，$\boldsymbol{W}_{xh}$ 和 $\boldsymbol{W}_{hh}$ 是权重参数；$\boldsymbol{b}_h$ 是偏差。通过使用 tanh 形式的非线性损失函数来确保候选隐藏状态中的值保持在区间 $(-1, 1)$ 内。

在最后一步，网络需要计算最终的层级输出 $\boldsymbol{h}_H$，该向量将保留当前单元的信息并传递到下一个单元中，而且该层级输出用于输入到层次注意力模块与标签信息交互得到该层级的最终结果输出。$\boldsymbol{h}_H$ 需要结合更新门 $\boldsymbol{Z}_t$，它决定了当前记忆内容 $\tilde{\boldsymbol{H}}_t$ 和上一层次信息 $\boldsymbol{h}_{H-1}$ 中需要收集的信息是什么。这一过程可以表示为

$$\boldsymbol{h}_H = \boldsymbol{Z}_t \odot \boldsymbol{h}_{H-1} + (1 - \boldsymbol{Z}_t) \odot \tilde{\boldsymbol{H}}_t \tag{6-6}$$

其中，每当更新门 $\boldsymbol{Z}_t$ 接近 1，只保留旧状态。在这种情况下，信息来自 $\boldsymbol{V}$ 基本上被忽略，有效地跳过层级 H 的依赖。相比之下，每当 $\boldsymbol{Z}_t$ 接近于 0，新的潜在状态 $\boldsymbol{h}_{H-1}$ 接近候选潜在状态 $\tilde{\boldsymbol{H}}_t$。

6.5.2　标签特征层次交互的注意力机制

一般来说，常用的方法是直接获取层次输出的隐藏状态，经过全连接层得到文本类别，但是这种方法忽略了文本与标签的交互依赖关系。缺陷报告文本通常由多个单词组成，每个单词含义侧重于不同的方面，特别是内容丰富的文本。因此，对于第 h 层的类，我们需要利用标签表征信息 $\boldsymbol{S}^H$ 来关注 h 层下的不同类别语义，从而得到代表整个句子的整体语义。为此本章设计了一种标签特征层次交互的注意力机制，该组件主要是捕获文本和层次结构的类别之间的关联，让输入的文本与各层级标签进行交互学习。如图 6-11 所示，层次注意力机制输入该层级对应的文本隐藏状态以及标签层级表征向量，通过计算标签与文本信息的交互表征向量并取平均得到最终的文本表征信息。表征信息经过一个 Dense 层（即全连接层）得到对应层次的输出类别概率。

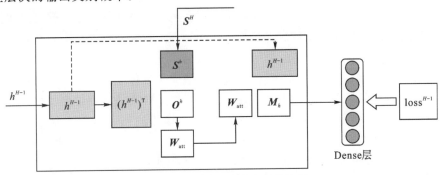

图 6-11　层次注意力机制结构图

层次注意力机制首先输入 h 层文本类别表征向量 $\boldsymbol{S}^H$ 和层次循环特征学习到的 h 层隐藏

状态 h^{H-1}，即嵌入第 h 个类别级别来执行 S^H 不同类别的注意力权重。通过文本与标签向量的相乘，我们可以得到它们的交互表示 O^h，交互表示经过一个 softmax 函数来确保所有计算的权重总和为 1，以此得到了第 h 层级不同类别的文本类别注意矩阵 W^h，形式化为

$$O^h = \tanh(S_h \cdot (h_{H-1})T) \tag{6-7}$$

$$W_{\text{att}}^h = \text{softmax}(O^h) \tag{6-8}$$

式中，h^{H-1} 表示引入的先前类别级别的层次信息的表示；W_{att}^h 是注意力权重矩阵，$W_{\text{att}}^h = W_1^h$，W_2^h，…，W_i^h，W_i^h 表示第 h 级文本第 i 个类别的注意力得分，这个向量中的每个元素表示每个词标记对该类别的贡献。

然后，我们通过将注意力矩阵与该层次得到的文本语义表示 h_{H-1} 相乘，计算 S^H 加权和。所得到的矩阵 M_h 是与第 h 级每个类别相关的文本类别表示。可以通过平均类别中的 M_h 建模为一个向量，得到整个第 h 级的相关文本类别的最终表示：

$$M_h = W_{\text{att}}^h \cdot h^{H-1} \tag{6-9}$$

$$r_{\text{att}}^h = \text{avg}(M_h) \tag{6-10}$$

在文本类别注意力机制的帮助下，通过整合原始文本语义表示和引入前一层信息的相关文本类别表示，生成统一的表示并预测每个层次的类别，我们可以得到 h 层的相关文本类别表示 r_h 和第 h 层级类别的注意力矩阵 W_h。最终第 h 层的文本表示经过全连接层，将学到的"分布式特征表示"映射到样本标记空间，通过 Softmax 激活函数将概率再归一化到 (0，1)，得到属于每个类别的概率值。形式上可以表示如下：

$$P^h = \sigma(W^h \cdot r_{\text{att}}^h + b^h) \tag{6-11}$$

式中，W^h 为第 h 层次全连接层的为权重；b 为偏置项；P^h 为 Softmax 输出的概率。

6.5.3 层次感知的加权交叉熵损失函数

架构安全缺陷报告数据存在各种架构安全缺陷类型类别样本分布不均匀的情况，这是典型的不平衡问题场景。一般情况下，分类问题采用交叉熵损失函数来指导训练过程。这将会导致少样本训练的特征很难被挖掘，对于样本数量较少的类对其训练的总损失没有显著贡献，因此在训练过程中容易被忽略。解决不平衡问题的方法是采用加权交叉熵损失函数，为每个类别赋值不同的损失权重。

在本章中，我们提出了一种层次感知的加权交叉熵损失函数，其首先对每一层次不同类别进行损失加权，其次是对于每个层次的加权损失求和作为模型的训练总损失。为了指导损失函数能够偏向于学习每一层该有的特征，损失函数是层次感知的，即根据每一层是否属于真实的节点标签而决定是否采取加权。这种层次感知的加权能够使得样本在真正的层级标签处学习到更明显的特征。例如，对于非架构安全缺陷，其真实节点标签在第二层，因此在第二层学习它的区分特征尤为重要，需要在第二层对该类别进行加权。而对于特定的架构安全缺陷类别，其真实节点在第四层，因此对其在第四层的不同类别进行损失加权。

对于层次 h，如果其真实类别应该在 h 层，那么该层的损失函数为节点类别标签的加权，权重值为该类别数目与该层类别数量中位数的比例。使用中值频率平衡做为类权重 α_{ht}，其中 median_freq_h 表示训练集上不同类别的中值频率，$\text{freq}(ht)$ 是当前样本类 t 的频率。这意味着训练集中小样本对损失的贡献增强，大量样本减弱的同时保持了中间数量样本的正常损失。每一层次的加权损失函数可以实现对该层小样本实例的错误分类有更多的惩

罚，具体的过程形式化如下：

$$\text{loss}_h = -\alpha_{ht} \sum_{hi} T_{hi} \lg(y_{hi}) \qquad (6-12)$$

$$\alpha_{ht} = \frac{\text{median\_freq}_h}{\text{freq}(ht)} \qquad (6-13)$$

通过得到每一层次的加权损失，我们最终可以计算得到一个总损失函数用于指导训练模型的特征学习，其采取层次加权损失函数求和作为最终的总损失。

6.6　实验安排与结果分析

6.6.1　架构缺陷报告数据集选取与处理

数据集选取与标记：为了评估本章所提方法在架构安全缺陷报告预测任务中的实际效果，并将其与基线进行比较，本章构建了架构安全缺陷报告数据集。根据 Santos 等的研究方法，从三个大型开源系统 Chromium、PHP 和 Thunderbird 爬取其缺陷报告并标记。

由于缺陷跟踪报告系统仅标记缺陷的严重程度，并未明确标记缺陷报告的架构安全缺陷类型。为了获取可标记的缺陷报告，本章的数据获取和标记流程如图 6-12 所示，数据选取根据美国国家漏洞数据库（NVD）数据标记过程中的架构安全缺陷目录。NVD 是由美国国家标准与技术研究院（NIST）在 2005 年提出的漏洞数据库，其包含了由 MITRE 公司于 1999 年发起的 CVE 开源漏洞条目。具体来说，NVD 是一个漏洞数据库，它建立在 CVE 列表之上，并与 CVE 列表完全同步，因此对 CVE 的任何更新都会立即出现在 NVD 中。CVE 列表提供给 NVD，NVD 以 CVE 记录中包含的信息为基础，为每个 CVE 记录提供增强的信息，例如严重性评分和影响评级、通用平台枚举（CPE）信息、修复链接、缺陷报告链接、CWE-ID 等。

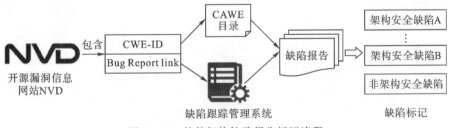

图 6-12　软件架构缺陷报告标记流程

数据提取：首先提取 NVD 的缺陷报告链接，并利用正则表达式匹配链接中含有 Chromium、PHP、Thunderbird 缺陷跟踪系统链接格式的 CVE 数据。基于此得到了三个缺陷报告数据集的缺陷报告链接，对于 Chromium 和 PHP 数据集采用 Python 爬虫包 Requests 及 Beautiful Soup 解析网页爬取和解析网站上的缺陷报告。而 Thunderbird 项目使用的缺陷跟踪系统为 Bugzilla，Thuderbird 数据集使用 Python 包 python-bugzilla 爬取缺陷报告。python-bugzilla 包可以通过 Bugzilla 的 Web 服务调用 Bugzilla 报告数据 API 爬取缺陷报告。

数据标记：根据专业的架构安全缺陷目录（CAWE）进行标记。CAWE 是根据 CWE

进行架构安全标记的目录，将 CWE 分为 12 种架构安全类型以及非架构安全类型。基于缺陷报告对应的 CWE - ID，本章将缺陷报告根据 CAWE 目录标记为架构安全的类型以及非架构安全缺陷类型。

图 6 - 13 展示了一个详细的数据提取和标记过程实例，该条数据为 Chromium 项目的架构安全缺陷报告，对应的 CVE 数据库条目为 CVE - 2016 - 1612。首先是数据爬取过程，本章从 NVD 网站不同 CVE 的参考链接中匹配到了两个 Chromium 缺陷报告链接，此链接作为缺陷报告爬取的基础。根据此缺陷报告链接，使用爬虫从缺陷报告跟踪系统爬取了对应的缺陷报告，包含缺陷报告摘要和缺陷报告描述。接下来是数据标记过程，该条数据对应的 CWE - ID 为 CWE - 20（不合法的输入验证），该缺陷与产品接收输入或数据，但未验证或错误地验证输入是否具有安全和正确处理数据所需的属性相关。CWE - 20 属于 CAWE 目录的 CWE - 1019（验证输入），因此标记为验证输入相关的架构安全缺陷类别。

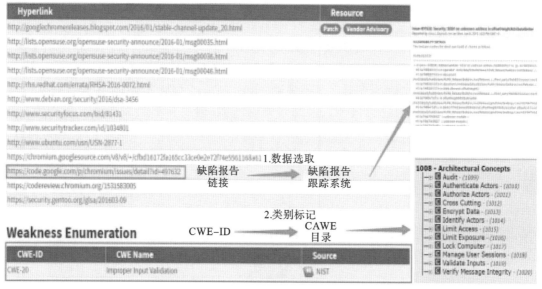

图 6 - 13 软件架构安全标记实例

经过数据爬取和标记过程，最终得到了用于评估的架构安全缺陷报告数据集。表 6 - 3 展示了数据集的统计信息，我们可以发现所选择的三个项目均为大规模的软件系统，代码行数均为百万规模。并且为了修复缺陷，版本持续演化，经历了多个版本的更迭，版本发布周期分为每周或每年。这表明这些系统是持续演化的，包含了大量的缺陷报告并且积极维护发布新的版本来保障产品性能和安全性，适用于本章的架构安全缺陷报告检测评估。具体而言，本章所使用的评估数据集平均包含 10 种类型的架构安全类别，且数据集为小样本语料库，每个数据集的平均规模为 2775。

表 6-3　架构安全缺陷报告数据集的统计信息

项目名	代码行数	版本数	版本发布周期	漏洞类型数量	数量
Chromium	大于 1000 k	56	6 周	9	1179
PHP	大于 4000 k	18	每年	7	166
Thunderbird	大于 14000 k	22	6 周	8	1430
总计	—	—	—	10	2775

数据集划分与预处理：进行任何类型的机器学习的主要目的是开发一个更通用的模型，该模型可以在看不见的数据上表现良好。人们可以在训练数据上建立一个具有 100% 准确率或 0 错误率的完美模型，但它可能无法对看不见的数据进行泛化，所以训练的模型过拟合了训练数据，具有较差的泛化性。为了衡量机器学习的泛化性，即模型的性能只能用在训练过程中从未使用过的数据点来衡量，因此需要将数据分成训练集和测试集。为了得到模型的训练集、验证集、测试集，需要对数据集进行切分，此外需要对数据集进行预处理，去除不必要的噪声信息，以免影响模型的性能。下面详细介绍数据切分以及数据预处理过程。

1. 数据集切分

由于样本数量较小，我们采用十折交叉验证来划分数据集和评估模型。十折交叉验证是小样本场景下广泛使用的最流行的策略之一，它是一种数据分区策略，因此可以有效地使用小样本数据集训练更通用的模型，主要原因是十折交叉验证估计量的方差比单个保留集估计量低，如果可用数据量有限这点就尤为关键。假定存在小样本数据集，其中 90% 的数据用于训练，10% 用于测试，则测试集非常小，因此对于不同的数据样本，性能估计会有很大的变化，或者对数据的不同分区形成训练和测试集。十折交叉验证通过对 10 个不同分区进行平均来减少这种差异，因此性能估计对数据的分区不太敏感，更能综合评估模型的泛化能力。

数据集切分使用不同的数据分区来执行交叉验证以形成 10 个子集，十折交叉验证可以更有效地完成数据拆分过程。具体来说，首先将数据集随机分成 10 个部分，其中的 9 个部分用于训练，并保留 1/10 用于测试。而且每次训练过程重复这个过程 10 次，保留不同的 1/10 用于测试。然后，模型拟合过程的所有步骤（模型选择、特征选择等）必须在交叉验证过程的每个折叠中独立执行，否则产生的性能估计将出现乐观偏差。最终在十折交叉验证后将最佳模型拟合到整个训练集，这将会提供更多的训练样本并产生更准确和稳健的模型。

2. 数据预处理

为了从数据中过滤出模板化的和琐碎的信息，本章使用正则表达式来预处理输入的文本数据。数据预处理过程从消息中识别并删除以下元素：①标点符号；②URL；③电子邮件地址；④作者信息，例如，"reported by"；⑤致谢，例如，"Thanks to"；⑥提交日期；⑦修复引用，例如，"Fixes # 25995"。最后，使用一个通用的 NLP 库 NLTK 来预处理文本数据，并将结果保存在一个二进制文件中。由于深度学习模型的输入文本预处理是标准化的，因此本章对架构领域预训练时的 NVD 漏洞描述文本也采用了上述预处理方法。

此外，对于每个架构安全缺陷报告，本章将直接拼接合并缺陷报告的标题和描述文本内容作为输入文本，通过使用斯坦福大学的 NLTK 软件包实现单词 token，并将所有文本转换为小写字母作为最终的模型输入文本。基于此，本章使用整个架构安全缺陷报告语料库构建了一个包含所有单词的词汇表。通常情况下，数据预处理还将删除较少出现的单词并减少词汇量，例如删除出现频率低于 5 次的单词，或者删除那些出现频率最低的单词。由于本章数据样本较小，且存在一些特定的安全词汇可能对模型的性能产生巨大的影响，因此未删除低频率的单词，保留了所有的单词。而对于领域特征学习时的 NVD 漏洞描述和大规模的安全缺陷报告数据集，我们通过实验观察到，最小单词频率为 5 次可以在词汇量大小和性能之间进行很好的权衡，因此对领域特征语料库的词汇表设置为删除单词出现频率低于 5 次的单词。

3. 数据分布

数据分布能够辅助展示数据的特征，以便于模型的设计和优化，为此本章对三个架构安全缺陷数据集 Chromium、PHP、Thunderbird 统计了标签数据分布以及句子长度分布。一般情况下深度学习模型假定数据集的类别分布是平衡的，即不同类别样本的预测损失是等价的。但是对于现实世界的数据存在类不平衡问题，即类别数量分布差异较大，架构安全缺陷报告属于这类经典的类不平衡任务。图 6-14 展示了架构安全缺陷报告的三个数据集上的样本类别数量分布，我们可以观察到，三个数据集均存在样本类别差异较大的问题。Chromium 和 Thunderbird 数据集样本数量最多的类别是第二多的 5 倍，PHP 数据集第一大和第二大的样本类别差距达到了 3 倍左右。而其他类别则具有更少样本数量，分布差异更加明显。因此，架构安全缺陷报告是一个典型的小样本多分类任务，且存在严重的类不平衡。

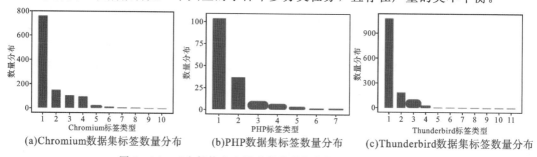

(a)Chromium数据集标签数量分布　　(b)PHP数据集标签数量分布　　(c)Thunderbird数据集标签数量分布

图 6-14　三个架构安全缺陷报告数据集标签类型数量分布

文本分类模型的输入句子长度是必需的参数设置，一般对于给定的输入句子长度，输入文本超过句子长度的部分会被截取仅保留设定句子长度大小的词汇，而不足句子长度的文本会被填充直至满足句子长度。较长的文本长度设置会造成模型得到维度更大的输入向量，延长了模型的训练时间以及加大了模型的超参数变量。而较短的输入文本长度会丢失句子的关键语义信息。为此本章统计了句子长度的分布以帮助设置架构安全缺陷报告的模型输入长度参数。图 6-15（a）展示了三个数据集合并起来的文本长度分布，我们可以观察到架构安全缺陷报告数据集的句子长度在 1～3000 范围内，但是大多数的文本长度分布在 500 以内。此外，本章还统计了句子长度分布的百分比，如图 6-15（b）所示，四分之三的句子长度在 228 以内。

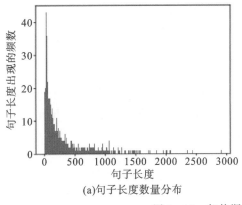

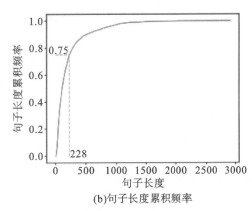

(a)句子长度数量分布　　　　　　　(b)句子长度累积频率

图 6-15　架构漏洞数据集句子长度分布

6.6.2　实验编码与环境

为了训练和评估模型，本章采用了流行的深度学习框架 PyTorch 来实现所设计的模型，PyTorch 具有动态的图结构，这使得其相对灵活不用关注反向传播过程，可以快速构建和调试模型。特别需要注意的是，对于预训练的 BERT 模型，本章采用的是谷歌官方提供的 Tensoflow 代码，首先利用 TensorFlow 的代码进一步预训练之后，将训练好的 BERT 模型转换为 PyTorch 兼容格式以适应框架的编码。此外，为了可视化训练过程，实验使用了 Tensorboard 库，可以清晰地展示模型运行过程时的状态以及不同训练参数下模型的差异对比。实验环境为 Win10，64 GB 内存，4 TB 硬盘的容量，以及 2080Ti 的 GPU，以方便快速迭代地进一步预训练 BERT 模型。

6.6.3　基准方法

为了有效评估本章所提出方法的有效性，本章以发表在 Top 期刊的最新安全缺陷报告预测方法和架构安全缺陷报告预测方法作为基准方法。

对于安全缺陷报告分析任务，本章选择了 Peters 等和 Shu 等最近提出的两项研究为基准方法。这两种方法都使用随机森林（RF）、朴素贝叶斯（NB）、k 近邻（KNN）、多层感知器（MLP）和逻辑回归（LR）对安全缺陷报告的文本描述训练分类器。类似于 Wu 等的研究，本章直接使用 Peters 等和 Shu 等共享的源代码以适应我们的任务，并保留参数的所有设置（即关键参数、默认值和每个关键参数的调优范围）。此外，输入文本的长度与本章方法保持相同。同时，为了减少与我们方法的比较偏差，我们利用我们方法的词嵌入，将安全缺陷报告转换为一个向量矩阵，作为这 5 个分类器的输入。

架构安全缺陷报告检测方法：本章选择了 Itactivul，一种基于领域知识文本深度特征挖掘的架构安全缺陷报告检测方法，通过使用 BiLSTM 和注意力机制结合的模型学习 NVD 漏洞描述的架构安全缺陷特征。最后将学习到的特征直接用于架构安全缺陷报告预测任务，其证明了深度迁移和领域特征的有效性。由于其对架构安全缺陷报告仅作为识别，而并非在缺陷报告上训练的分类器。为了保证与本章方法的一致性，我们将其在本章切分的十折交叉测试集上测试 10 次取平均值进行统一评估。

此外，为了进行消融实验，评估所提方法不同组件的有效性。本章设置了方法的三个变体作为基准评估组件的有效性。

（1）Hiarvul-LR：此方法仅保留架构缺陷文本领域特征学习组件，即通过中间预训练的 BERT 输出上下文向量，直接后接一个全连接层输出分类预测结果。

（2）Hiarvul-Cell：此方法保留领域特征学习组件和层次循环特征学习组件，对于每个层次输出的隐藏向量直接后接一个全连接层作为输出。

（3）Hiarvul-Att：此方法保留所有组件，但损失函数采用正常的交叉熵损失函数，即将本章所提方法的层次感知的交叉熵损失函数替换为正常交叉损失函数，其输出作为分类预测的最终结果。

6.6.4 实验结果与分析

1. 与基准方法对比的有效性

为了证明本章提出的模型的实际有效性，我们将本章所提方法 Hiarvul 与架构安全缺陷检测任务上的最优基线评估方法进行了比较。所有方法在构建的三个开源项目的缺陷报告数据集上进行了评估，最终结果为十折交叉验证的 10 次结果取平均。详细的比较情况如表 6-4 所示，我们可以观察到 Hiarvul 在常用的四个分类方法评估指标 Precision、Accuracy、Recall 以及 F1-score 上均优于基线方法。具体来说，Hiarvul 在 Chromium 数据集上 Precision 取得 69.07%，Accuracy 为 67.18%，Recall 为 69.07%，F1-Score 为 60.92%，相比基线方法，四个评估指标（Precision、Accuracy、Recall 和 F1-Score）分别提高了 3.67%、15.02%、3.67%、7.83%。类似于 Chromium 数据集，Hiarvul 在 PHP 和 Thunderbird 数据集四个评估指标上比基线方法也有提升。总的来说，Hiarvul 在三个数据集上相比于基线方法平均提高了 Precision 为 5.62%、Accuracy 为 10.04%、Recall 为 5.62%、F1-Score 为 6.98%。

表 6-4 与基准方法相比在 Chromium、PHP、Thunderbird 三个数据集的有效性比较

数据集	评估方法	Precision	Accuracy	Recall	F1-Score
Chromium	RF	60.34%	46.28%	60.34%	51.95%
	NB	60.51%	46.03%	60.51%	50.36%
	KNN	59.49%	43.41%	59.49%	48.71%
	MLP	62.61%	42.06%	62.61%	49.67%
	LR	62.05%	42.40%	62.05%	50.03%
	Itactivul	65.40%	52.16%	65.40%	53.09%
	Hiarvul	**69.07%**	**67.18%**	**69.07%**	**60.92%**
	Average	**+3.67%**	**+15.02%**	**+3.67%**	**+7.83%**
PHP	RF	55.42%	49.00%	55.42%	47.94%
	NB	56.63%	50.52%	56.63%	50.50%
	KNN	54.22%	40.65%	54.22%	45.87%
	MLP	57.83%	44.90%	57.83%	47.43%
	LR	59.04%	58.17%	59.04%	47.04%

续表

数据集	评估方法	Precision	Accuracy	Recall	F1 - Score
PHP	Itactivul	63.86%	62.74%	63.86%	59.30%
	Hiarvul	**73.71%**	**65.41%**	**73.71%**	**68.46%**
	Average	**+9.85%**	**+2.67%**	**+9.85%**	**+9.16%**
Thunderbird	RF	72.73%	53.50%	72.73%	61.65%
	NB	73.01%	63.04%	73.01%	64.69%
	KNN	70.77%	56.46%	70.77%	61.51%
	MLP	72.87%	60.77%	72.87%	65.13%
	LR	73.15%	58.11%	73.15%	64.42%
	Itactivul	74.83%	62.93%	74.83%	67.34%
	Hiarvul	**78.18%**	**75.48%**	**78.18%**	**71.31%**
	Average	**+3.35%**	**+12.44%**	**+3.35%**	**+3.97%**
All	**Average**	**+5.62%**	**+10.04%**	**+5.62%**	**+6.98%**

此外，我们还可以观察到数据集越小，Hiarvul 提升的效果越明显。例如，三个数据集的数量从大到小依次是 Thunderbird、Chromium、PHP，在 F1 - Score 的效果提升分别为 3.97%、7.83%、9.16%。同样，对于召回率也有相同的规律，这表明 Hiarvul 能够有效提高样本正例的预测率，即将更多的架构安全缺陷报告预测为架构安全。但对于 Accuracy，其数据集越大，提升的效果越明显，即预测为架构安全缺陷报告的文本中真正架构安全缺陷报告的比例。例如，对于样本数量相对较少的数据集 PHP、Hiarvul，比基准方法 Accuracy 提高了 2.67%，而在样本数据量较大的数据集 Chromium 和 Thunderbird 的 Accuracy 提高了 10% 以上。综上所述，Hiarvul 能够有效挖掘小样本中的特征，将更多的真正安全架构缺陷预测出来，同时 Hiarvul 还可以对数据集大的样本保证预测样本正确的比例，减少预测的负例。

2. 组件有效性

为了进行消融实验，评估 Hiarvul 不同组件的有效性，本章对 Hiarvul 和其三种变种方法在三个架构安全缺陷报告数据集上进行了评估。评估结果表明 Hiarvul 的不同组件在四个分类指标均可以取得效果的提升，如表 6 - 5 所示，Hiarvul 效果均高于三个变种方法。例如，Hiarvul 比最好的变种方法在 Chromium 数据集上 Precision 提高了 3.89%，Accuracy 提高了 16.88%，Recall 提高了 3.89%，F1 - score 提高了 4.94%。这表明 Hiarvul 得到了最好的组件优化和调试，能显著提高架构缺陷报告的检测效果。

我们还可以观察到，随着组件的不断添加，变种方法在四个分类评价指标上逐渐实现性能的提升。如表 6 - 5 所示，组件的逐渐叠加变种方法 Hiarvul - LR、Hiarvul - Cell、Hiarvul - Att 在 Precision 从 63.03% 逐渐提高至 65.18%。Accuracy 和 F1 - Score 的性能提升更为显著，分别从 39.72% 提升至 50.30%，从 48.73% 提升至 55.98%。此结果表明 Hiarvul 的组件均可以提升架构安全缺陷报告检测的效果，具体来说，领域特征学习组件，层次循环特征组件，层次注意力组件，层次感知的不平衡损失函数均可以提升模型的检测效果。尤其是层次循环特征组件和层次感知的不平衡损失函数的效果提升更为明显，例如，其在 Chromium 数据集上两个组件的精确率和 F1 分数百分点均提高了 5% 以上，显著高于其他组件对此的提升。

表 6-5　不同组件的有效性

数据集	评估方法	Precision	Accuracy	Recall	F1-Score
Chromium	Hiarvul-LR	63.03%	39.72%	63.03%	48.73%
	Hiarvul-Cell	63.84%	48.37%	63.84%	54.04%
	Hiarvul-Att	65.18%	50.30%	65.18%	55.98%
	Hiarvul	**69.07%**	**67.18%**	**69.07%**	**60.92%**
	Average	+3.89%	+16.88%	+3.89%	+4.94%
PHP	Hiarvul-LR	65.06%	42.33%	65.06%	51.29%
	Hiarvul-Cell	67.47%	45.52%	67.47%	54.36%
	Hiarvul-Att	68.67%	47.16%	68.67%	55.92%
	Hiarvul	**73.71%**	**65.41%**	**73.71%**	**68.46%**
	Average	+5.04%	+18.25%	+5.04%	+12.54%
Thunderbird	Hiarvul-LR	73.57%	54.12%	73.57%	62.36%
	Hiarvul-Cell	73.85%	59.31%	73.85%	64.63%
	Hiarvul-Att	74.11%	62.75%	74.41%	65.88%
	Hiarvul	**78.18%**	**75.48%**	**78.18%**	**71.31%**
	Average	+4.07%	+12.73%	+4.07%	+5.43%

此外，为了更清晰地展示不同组件对检测效果的提升，本章使用 t-SNE 来可视化不同组件隐藏层的输出特征。t-SNE 是一种流行的非线性降维技术，可以实现低维特征空间中高维数据的可视化。具体来说，首先从不同组件层提取特征向量输出，包括领域文本表征层、循环特征学习层、层次注意层，最后利用 t-SNE 对提取的高维特征向量进行降维，以实现可视化。这些特征向量代表了由不同组件层学习到的新的特征表示，它们在特征空间中分离得越清晰，学习到的特征就越有效。图 6-16 展示了 t-SNE 二维可视化的结果，我们可以观察到，随着组件层的加深（见图 6-16），在特征空间中的类分离变得更加清晰。结果表明，不同的组件层使模型能够更好地学习特征，而且这种可视化的可解释性可以加深我们对模型的理解和判断。

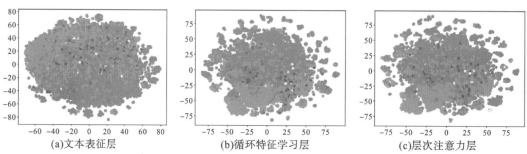

(a)文本表征层　　　　　　　(b)循环特征学习层　　　　　　(c)层次注意力层

图 6-16　Hiarvul 不同组件输出向量的 t-SNE 降维可视化

3. 参数设置有效性

不同的参数设置可能影响模型的最终学习效果，特别是对于架构安全缺陷报告来说，其文本长度差异跨度较大且分布不均匀。一般来说，文本分类模型以最长的文本长度作为输入长度，然而对于架构安全缺陷报告数据，最长的文本达到 1500，但其文本长度大多分布在 500 以内，因此一般设置不适用本任务。例如，对于 Chromium 数据集，其文本长度为 1～1500 不等，且每个文本长度分布相对不集中。基于此，为了选择最佳的文本长度作为输入，本章尝试了不同的文本输入长度对 Hiarvul 结果的影响。对于每个输入的架构缺陷报告，调整 Hiarvul 在三个架构安全缺陷数据集上的裁剪长度，长度设置为 50～350，每隔 50 设置一次对比实验。

实验结果如图 6-17 所示，四个分类指标首先随着长度的增加性能逐渐增加，直到 250 之后达到了效果最优点，之后长度增加性能开始下降。此现象在三个架构安全缺陷数据集显示出相同的规律，即 Precision、Accuracy、Recall 以及 F1-Score 对比，输入文本长度在 250 附近可以得到模型输入长度参数设置的最优值。该输入长度参数设置可以涵盖 80% 的文本，即 80% 文本长度低于 250，为此我们得到了最佳的输入长度参数设置，对所有基准方法的设置均使用该参数。

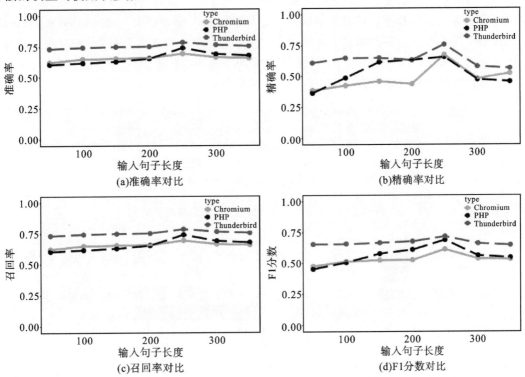

图 6-17   三个架构安全缺陷数据集对不同输入长度在四个分类指标的对比评估

4. 层次特征可视化分析

Hiarvul 关键思想为层次循环特征学习，使得架构安全缺陷报告能够递进式地逐层学习，但是这种递进式学习是否每一层都学习到了区分特征尚未可知，即每一层特征与预定义标签数层次的经验是否吻合。为了呈现不同层次学习到的词汇权重及特征空间的特征变化，本小节可视化了输入文本在不同层次的注意力权重及每一层的特征在特征空间的形式，这样可以直观地解释和评估层次循环特征的有效性。

图 6-18 展示了一个非架构安全缺陷报告的层次权重可视化。该缺陷报告为 CVE-2013-2880 对应的 Chromium 缺陷报告，Issue ID 为 240961，这一缺陷可允许攻击者通过未知媒介造成拒绝服务或可能产生其他影响。具体来说，该安全缺陷是由于命令缓冲区服务端代码必须将级别零的宽度或高度为零的 texture 视为不完整的，然而命令缓冲区代码目前将 ID 分配和资源分配混为一谈。因此在 glGenTextures 上，它既使用服务 ID 注册客户端 ID，还创建 TextureManager texture 对象。我们可以发现在架构特征学习层 zero、sized、must、incomplete 等与安全相关的通用词汇得到了更多的权重赋值，而层次 2 和层次 3 均未学到区分性的特征词汇，这表明非架构安全缺陷报告在层次 1 得到了更明显的区分特征。

此外，为了展现架构安全缺陷报告的文本权重可视化，图 6-19 呈现了一个架构安全缺陷报告实例，该缺陷报告对应的漏洞数据库 ID 为 CVE-2014-9646，缺陷报告 ID 为 Issue 434964。此缺陷会卸载调查启动 IE 时引用 IE 的路径，谷歌浏览器卸载调查功能的 installer/util/google_chrome_distribution.cc 中的函数中未加引号的 Windows 搜索路径漏洞允许本地用户通过 %SYSTEMDRIVE% 目录下的木马程序获取权限，如 program.exe 等。因此这一安全缺陷为验证输入类型的架构安全缺陷，对于缺陷报告的词汇 unquoted 和 path 在层次 3 取得了更大的权重，可以发现这两个词与验证输入最为相关。uninstaller 和 launches 词汇在层次 2 取得了更高的权重，可以发现这两个词与攻击类型更为相关，而层次 1 学习到了更为通用的特征，对架构安全相关的词汇均取得了重要的权重赋值。综上分析架构安全缺陷报告在每个层次均能学习到通用且具有层级类别分离的特征。

	Zero	sized	textures	must	be	considered	incomplete
层次1	0.18	0.32	0.03	0.33	0.02	0.15	0.24
层次2	0.13	0.03	0.02	0.06	0.00	0.07	0.21
层次3	0.19	0.12	0.00	0.00	0.00	0.27	0.16

0.0 0.1 0.2 0.3 0.4 0.5 0.6 0.7 0.8 0.9 1.0

图 6-18 非架构安全缺陷报告权重可视化实例

	Chrome	uninstaller	launches	IE	w	an	unquoted	path	to	iexplore	exe
层次1	0.21	0.52	0.38	0.14	0.06	0.01	0.26	0.57	0.39	0.25	0.62
层次2	0.06	0.65	0.73	0.09	0.03	0.00	0.31	0.12	0.18	0.22	0.16
层次3	0.09	0.21	0.12	0.00	0.00		0.76	0.91	0.15	0.41	0.22

0.0 0.1 0.2 0.3 0.4 0.5 0.6 0.7 0.8 0.9 1.0

图 6-19 架构安全缺陷报告权重可视化实例

可视化层次循环特征每个隐藏层的输出能够直观了解特征随着层次变化的情况，图 6-20 展示了层次循环特征不同隐藏层的 t-SNE 降维可视化。Hiarvul 包含三个层次即三个 GRU Cell 单元，每个 GRU Cell 的隐藏状态输出为该层学习到的文本特征，本章将每个 GRU Cell 的输出向量通过 t-SNE 降维为二维并且可视化。

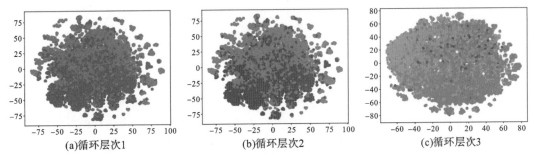

(a)循环层次1　　　　　(b)循环层次2　　　　　(c)循环层次3

图 6-20　层次循环特征不同隐藏层输出特征 t-SNE 降维可视化

如图 6-20 所示，循环层次的递进过程中整体大类的特征距离保持稳定，而下一层次的类别逐渐学习出具有分离性的特征。具体而言图 6-20（a）为循环层次第一层，对应的层次类别为两类。而图 6-20（b）为下一层循环，对应三个类别，而且其中两个类别属于层次一的类别继承，可以看到循环层次 2 既保持了上一层次大致的向量分布，而且也能学习到三个类别的区分特征。

6.7　讨论与小结

本章提出了面向低资源场景的软件架构安全缺陷报告检测方法 Hiarvul，通过融合先验知识和层次循环学习到小样本数据的架构安全类别显著区分特征以及通用性的泛化特征。首先，本章采用领域进一步预训练的 BERT 模型而后微调的迁移学习策略，弥合了通用性语义上下文信息与领域内语义上下文信息的差距，得到了语义信息更为精确的文本表征。然后，提出了基于层次标签树的辅助任务学习策略，通过专家事先定义的软件架构安全缺陷类别的共性类别，构建了层次标签树，将多分类问题转换为层次多标签分类问题。

一种层次循环特征学习和层次标签文本表征交互结合的训练过程，使得模型能够学习到架构安全缺陷类别之间的共性和差异性特征。最后，提出了一种层次标签感知的加权交叉熵损失函数，解决了类不平衡问题。在三个大型的开源项目 Chromium、PHP、Thunderbird 的缺陷报告数据集中进行了评估实验，实验结果表明本章所提的方法在四个分类指标均显著优于最先进的架构安全缺陷检测方法，而且设计的每个组件均能提升模型的学习能力。此外，本章还通过可视化的方式呈现了不同组件的输出特征以及文本输入不同词汇的类别权重，侧面解释了本章所提方法的有效性。

，

» 第 7 章

总结与展望

7.1　本研究工作总结

软件安全漏洞是导致各种网络安全事故的重要因素，分析软件安全漏洞特征，从大规模软件缺陷中检测出安全相关漏洞报告是减少软件系统漏洞和预防软件安全事故的重要措施。但是，当前以机器学习方法为核心的软件安全漏洞报告检测方法在检测准确性和基础数据集构建方面亟待完善。

本研究首先针对深度学习应用中有效数据缺乏这一问题，提出基于迭代投票机制的大规模安全漏洞报告检测数据集构建方法，通过有效利用权威漏洞数据库 CVE 的记录，完成 OpenStack 数据集构建，并对已有数据集 Chromium 标签正确性进行改进，总共包含数据约 9 万条。其次，提出基于深度学习的安全漏洞报告检测方法，将深度学习模型应用于安全漏洞报告检测中，并对类别不均衡策略、词嵌入方法，以及不同迭代对模型有效性影响进行实证研究。此外，联合企业资深软件安全开发/测试人员，通过人工标记的方法完成对已有五个软件安全漏洞报告检测数据集的标签重新审核，大幅提高了其标签质量，并通过将最新漏洞报告检测方法应用于不同质量版本的数据集中，对数据质量对检测模型的有效性影响进行了大规模实证研究。最后，本书提出基于主动学习和交互式机器学习的软件安全漏洞报告检测方法，该方法可以大幅减少模型训练所需标记样本数量，从而有效节约模型训练以及样本标记的时间成本。

7.2　未来的工作

利用数据挖掘、机器学习等技术进行软件安全漏洞分析和检测模型构建是一个崭新的研究方向，还存在许多亟待解决的问题，也有着人工智能等领域丰富的模型和方法可以尝试和探索。本书主要从面向漏洞报告检测的样本标记及模型构建两个层面进行研究，下面分别讨论两个不同层面可以继续开展的研究工作。

1. 数据集构建层面

首先，可以进一步挖掘软件漏洞及漏洞报告的特征，因为许多漏洞报告中既包含自然语言描述，也包含部分代码片段信息，因此可以考虑将代码和自然语言文本特征进行特征融合。其次，可以引入迁移学习等方法进行项目间特征迁移，实现跨项目软件安全漏洞报告检测。再次，标记样本选择方面，可以基于项目具体特征考虑多种采样策略，如确定性采样、随机采样等，从而进一步提高样本标签质量。

2. 漏洞报告检测模型构建层面

首先，需要探索如何将软件工程领域知识、安全领域知识，以及机器学习进行有机地结合，充分利用长期依赖积累的领域知识和开源数据，同时发挥新型机器学习方法的技术优势。其次，基于软件漏洞多维特征，可以针对性地进行检测模型设计；此外，探索将传统机器学习模型、深度神经网络模型相融合，综合利用各自优势条件。

参考文献

[1] SHU R，XIA T，LAURIE W，et al. Better Security Bug Report Classification via Hyperparameter Optimization，May 16，2019 [C]. New York：arxiv，2019.

[2] 刘剑，苏璞睿，杨珉，等. 软件与网络安全研究综述：软件学报 [C]. 北京：科学出版社，2018.

[3] 国家互联网应急中心.《2018 年我国互联网网络安全态势综述》报告：https：//www. cert. org. cn/publish/main/12/2019/20190417084009627507658/20190417084009627507658 _. html.

[4] 张博林，杨志斌，周勇，等. 一种面向安全关键软件的 AADL 模型组合验证方法：计算机学报 [C]. 北京：科学出版社，2020.

[5] 李舟军，张俊贤，廖湘科，等. 软件安全漏洞检测技术 [C]. 计算机学报，北京：科学出版社，2015.

[6] GEGICK，MICHAEL，PETE ROTELLA，et al. Identifying security bug reports via text mining：An industrial case study [C]. South Africa：IEEE，2010.

[7] ZHANG，JIE，XIAOYIN WANG，et al. " A survey on bug – report analysis. " Science China Information Sciences [R]. 2015：1 – 24.

[8] TERDCHANAKUL P，HATA H，PHANNACHITTA P，et al. Bug or not? bug report classification using n – gram idf，September 2017 [C]. New York：IEEE. 2017.

[9] GOMES，LUIZ ALBERTO FERREIRA，RICARDO DA SILVA TORRES，et al. " Bug report severity level prediction in open source software：A survey and research opportunities. " Information and software technology [R]. 2019.

[10] YANG XL，LO D，XIA X，et al. High – impact bug report identification with imbalanced learning strategies [C]. Journal of Computer Science and Technology，2018.

[11] WIJAYASEKARA D，MANIC M，WRIGHT JL，et al. Mining bug databases for unidentified software vulnerabilities [C]. Australia：HSI，2012.

[12] FENG X，LIAO X，WANG X，et al. Understanding and securing device vulnerabilities through automated bug report analysis [C]. USENIX Security Symposium，2019.

[13] GOSEVA – POPSTOJANOVA K，TYO J. Identification of security related bug reports via text mining using supervised and unsupervised classification [C]. QRS，2018.

[14] SHEPPERD M，SONG Q，SUN Z，et al. Data quality：Some comments on the nasa software defect datasets [C]. IEEE Transactions on Software Engineering，2013.

[15] FAN Y，XIA X，DA COSTA DA，et al. The impact of changes mislabeled by SZZ on just – in – time defect prediction [J]. IEEE Transactions on Software Engineering，2019.

[16] TANTITHAMTHAVORN C，MCINTOSH S，HASSAN AE，et al. The impact of mislabelling on the performance and interpretation of defect prediction models [C]. Proceeding of

IEEE/ACM 37th International Conference on Software Engineering，2015.

［17］ LI G，HARI SK，SULLIVAN M，et al. Understanding error propagation in deep learning neural network (dnn) accelerators and applications ［C］. ACM，2017.

［18］ PETERS F，TUN T，YU Y，et al. Text filtering and ranking for security bug report prediction ［J］. IEEE Transactions on Software Engineering，2017.

［19］ JIANG Y，LU P，SU X，et al. LTRWES：A new framework for security bug report detection ［J］. Information and Software Technology，2020.

［20］ FAN YR，XIA X，LO D，et al. Chaff from the wheat：Characterizing and determining valid bug reports ［J］. IEEE transactions on software engineering，2018.

［21］ BARNES DAN，MATTHEW GADD，PAUL MURCUTT，et al. The oxford radar robotcar dataset：A radar extension to the oxford robotcar dataset ［C］. ICRA，2020.

［22］ CAO，QIONG，LI SHEN，WEIDI XIE，et al. Vggface2：A dataset for recognising faces across pose and age ［C］. IEEE，2018.

［23］ NAGRANI，ARSHA，JOON SON CHUNG，et al. Voxceleb：a large－scale speaker identification dataset ［C］. arXiv，2017.

［24］ ZHOU BOLEI，HANG ZHAO，XAVIER PUIG，et al. Scene parsing through ade20k dataset ［C］. CVPR，2017.

［25］ GUNAWI HS，HAO M，LEESATAPORNWONGSA T，et al. What bugs live in the cloud? a study of 3000＋ issues in cloud systems ［C］. SoCC2014.

［26］ OHIRA M，KASHIWA Y，YAMATANI Y，et al. A Dataset of High Impact Bugs：Manually－Classified Issue Reports ［C］. Mining Software Repositories，2015.

［27］ 李韵，黄辰林，王中锋，等. 基于机器学习的软件漏洞挖掘方法综述 ［J］：软件学报 ［C］. 北京：科学出版社，2020.

［28］ LI Z，ZOU DQ，XU SH，et al. VulDeePecker：A Deep Learning－Based System for Vulnerability Detection ［C］. arXiv，2018.

［29］ LI Z，ZOU DQ，XU SH，et al. SySeVR：A Framework for Using Deep Learning to Detect Software Vulnerabilities ［C］. arXiv，2018.

［30］ ZHENG W，GAO J L，WU X X，et al. The Impact Factors on the Performance of Machine Learning－Based Vulnerability Detection：A Comparative Study ［J］. JSS，2020.

［31］ LIN G，XIAO W，ZHANG J，et al. Deep learning－based vulnerable function detection：A benchmark，2019，December ［C］. Springer，2019.

［32］ LI X，LU W，YANG X，et al. Automated Vulnerability Detection in Source Code Using Minimum Intermediate Representation Learning ［C］. UbiSec，2020.

［33］ LI ZHEN，DEQING ZOU，SHOUHUAI XU，et al. Vuldeelocator：a deep learning－based fine－grained vulnerability detector ［C］. arXiv，2001.

［34］ GKORTZIS A，MITROPOULOS D，SPINELLIS D. VulinOSS：a dataset of security vulnerabilities in open－source systems ［C］. MSR，2018.

［35］ LIU BC, MENG GZ, ZOU W, et al. A Large－Scale Empirical Study on Vulnerability Distribution within Projects and the Lessons Learned ［C］. ICSE, 2020.

［36］ AKRAM J, LUO P. How to build a vulnerability benchmark to overcome cyber security attacks ［C］. IET Information Security, 2019.

［37］ ZHOU YQ, LIU SQ, SIOW J K, et al. Devign: Effective Vulnerability Identification by Learning Comprehensive Program Semantics via Graph Neural Networks ［C］. NIPS , 2019.

［38］ OTTER DANIEL W, JULIAN R. MEDINA, JUGAL K. Kalita. A survey of the usages of deep learning for natural language processing ［C］. IEEE Transactions on Neural Networks and Learning Systems, 2020.

［39］ DOS SANTOS, CICERO, MAIRA GATTI. Deep convolutional neural networks for sentiment analysis of short texts ［C］. COLING, 2014.

［40］ LIU P, QIU X, HUANG X. Recurrent Neural Network for Text Classification with Multi－Task Learning ［C］. IJCAI, 2016.

［41］ LOPEZ MM, KALITA J. Deep learning applied to NLP ［C］. arXiv, 2017.

［42］ ZENG, DAOJIAN, KANG LIU, SIWEI LAI, et al. Relation classification via convolutional deep neural network ［C］. COLING, 2014.

［43］ ZHENG SUNCONG, YUEXING HAO, DONGYUAN LU, et al. Joint entity and relation extraction based on a hybrid neural network ［C］. Neurocomputing 257, 2017.

［44］ SUN MINGMING, XU LI, XIN WANG, et al. Logician: A unified end－to－end neural approach for open－domain information extraction ［C］. WSDM, 2018.

［45］ TU ZHAOPENG, ZHENGDONG LU, YANG LIU, et al. Modeling coverage for neural machine translation ［C］. arXiv, 2016.

［46］ Y. KIM. Convolutional neural networks for sentence classification ［C］. arXiv, 2014.

［47］ CONNEAU, ALEXIS, HOLGER SCHWENK, et al. Very deep convolutional networks for text classification ［C］. EACL (1), 2017.

［48］ JIANG, MINGYANG, YANCHUN LIANG, et al. Text classification based on deep belief network and softmax regression ［C］. Neural Computing and Applications 29, 2018.

［49］ ADHIKARI, ASHUTOSH, ACHYUDH RAM, et al. Docbert: Bert for document classification ［C］. arXiv, 2019.

［50］ DEVLIN, JACOB, MINGWEI CHANG, et al. Bert: Pre－training of deep bidirectional transformers for language understanding ［C］. arXiv, 2018.

［51］ WORSHAM, JOSEPH, JUGAL KALITA. Genre identification and the compositional effect of genre in literature ［C］. COLING, 2018.

［52］ HOCHREITER, SEPP, SCHMIDHUBER, et al. Long short－term memory ［C］. Neural Computation, 1997.

［53］ VASWANI, ASHISH, NOAM SHAZEER, et al. Attention is all you need ［C］. arXiv, 2017.

［54］ LIU，TING，YUZHUO FU，YAN ZHANG，et al. A Hierarchical Assessment Strat-egy on Soft Error Propagation in Deep Learning Controller ［C］. ASP – DAC, 2021.

［55］ CHEN Q，BAO L，LI L，et al. Categorizing and predicting invalid vulnerabilities on common vulnerabilities and exposures ［C］. APSEC, 2018.

［56］ FLEISS LJ. Measuring nominal scale agreement among many raters ［J］. Psychol. Bull, 1971.

［57］ FAN RE，CHANG KW，HSIEH CJ，et al. Liblinear: a library for large linear clas-sifification ［J］. J Mach Learn Res. 9, 2008.

［58］ CHANG CC, LIN CJ. Libsvm: a library for support vector machines ［J］. TIST, 2011.

［59］ ZHENG W，FENG C，YU T，et al. Towards understanding bugs in an open source cloud management stack: An empirical study of OpenStack software bugs ［J］. Journal of Systems and Software, 2019.

［60］ CHAPARRO O，BERNAL – CARDENAS C，LU L，et al. Assessing the quality of the steps to reproduce in bug reports ［C］. ESEC/SIGSOFT FSE, 2019.

［61］ CHAPARRO O，LU J，ZAMPETTI F，et al. Detecting missing information in bug descriptions ［C］. ESEC/SIGSOFT FSE, 2017.

［62］ DREISEITL，STEPHAN，LUCILA OHNO – MACHADO. Logistic regression and artificial neural network classification models: a methodology review ［C］. Journal of biomedical informatics 35, 2002.

［63］ KIBRIYA，ASHRAF M，EIBE FRANK，et al. Multinomial naive bayes for text cate-gorization revisited ［ C ］. In Australasian Joint Conference on Artificial Intelligence, 2004.

［64］ RAMCHOUN，HASSAN，MOHAMMED AMINE JANATI IDRISSI，et al. Multi-layer Perceptron: Architecture Optimization and Training ［C］. IJIMAI 4, 2016.

［65］ LAM，F C，M T LONGNECKER. A modified Wilcoxon rank sum test for paired data ［C］. Biometrika 70, 1983.

［66］ SHADISH，WILLIAM R，C KEITH HADDOCK. Combining estimates of effect size ［C］. 2009.

［67］ MACBETH，GUILLERMO，EUGENIA RAZUMIEJCZYK，et al. Cliff's Delta Cal-culator ［C］. A non – parametric effect size program for two groups of observa-tions. Universitas Psychologica 10, 2011.

［68］ ABBASI A，MONADJEMI A，FANG L，et al. Three – dimensional optical coherence tomography image denoising through multi – input fully – convolutional networks ［C］. Computers in Biology and Medicine 108, 2019.

［69］ BAE，W，YOO，et al. Beyond deep residual learning for image restoration: Persis-tent homologyguided manifold simplification ［C］. Proceedings of the IEEE Confer-ence on Computer Vision and Pattern Recognition Workshops, 2017.

［70］ ORSER，B A. Recommendations for endotracheal intubation of COVID – 19 patients

［C］.Anesth Analg，2020.

［71］ GHAZVININEJAD，M O，LEVY，et al.Constant‐time machine translation with conditional masked language models［C］.arXiv，2019.

［72］ SABOUR S，FROSST N，HINTON G E. Dynamic routing between capsules［C］. Proceeding of Advances in neural information processing systems，2017.

［73］ BAHDANAU D，CHO K，BENGIO Y. Neural Machine Translation by Jointly Learning to Align and Translate［J］.Computer Science，2014.

［74］ PETERSON，LEIF E. K‐nearest neighbor［C］.Scholarpedia 4，1883.

［75］ PAL，MAHESH. Random forest classifier for remote sensing classification ［J］. International journal of remote sensing 26，2005.

［76］ SVETNIK，VLADIMIR，ANDY LIAW，et al. Random forest：a classification and regression tool for compound classification and QSAR modeling［J］.Journal of chemical information and computer sciences 43，2003.

［77］ PASZKE，ADAM，SAM GROSS，et al. Pytorch：An imperative style，high‐performance deep learning library［C］.arXiv，2019.

［78］ CHAUDHARY，ANMOL，KULDEEP SINGH CHOUHAN，et al. Deep Learning With PyTorch［C］.Machine Learning and Deep Learning in Real‐Time Applications，2020.

［79］ TIAN Y，ALI N，LO D，et al. On the unreliability of bug severity data［J］. Empirical Software Engineering，2016.

［80］ SVAJLENKO J，ROY CK. Evaluating clone detection tools with bigclonebench［C］. Proceeding of IEEE International Conference on Software Maintenance and Evolution （ICSME），2015.

［81］ LIU Z，XIA X，HASSAN AE，et al. Neural‐machine‐translation‐based commit message generation：how far are we?［C］.Proceedings of the 33rd ACM/IEEE International Conference on Automated Software Engineering，2018.

［82］ FEURER M，HUTTER F. Hyperparameter optimization［C］.Proceeding of Automated Machine Learning，2019.

［83］ 邹权臣，张涛，吴润浦，等. 从自动化到智能化：软件漏洞挖掘技术进展：清华大学学报（自然科学版）［C］.北京：清华大学出版社，2018.

［84］ KOGTENKOV A. Void safety［D］.ETH Zurich，2017.

［85］ KIM M，ZIMMERMANN T，DELINE R，et al. Data scientists in software teams：State of the art and challenges ［J］.IEEE Transactions on Software Engineering. 2017.

［86］ KOCHHAR PS，THUNG F，LO D. Automatic fine‐grained issue report reclassification［C］.Proceeding of the 19th International Conference on Engineering of Complex Computer Systems，2014.

［87］ SVAJLENKO J，ISLAM JF，KEIVANLOO I，et al. Towards a big data curated benchmark of inter‐project code clones［C］.Proceeding of IEEE International Conference on Software Maintenance and Evolution, 2014.

[88] SVAJLENKO J, ROY CK. Bigcloneeval: A clone detection tool evaluation framework with bigclonebench [C]. Proceeding of IEEE International Conference on Software Maintenance and Evolution (ICSME), 2016.

[89] SAJNANI H, SAINI V, SVAJLENKO J, et al. SourcererCC: Scaling code clone detection to big - code [C]. Proceedings of the 38th International Conference on Software Engineering, 2016.

[90] YU H, LAM W, CHEN L, et al. Neural detection of semantic code clones via tree - based convolution [C]. Proceeding of IEEE/ACM 27th International Conference on Program Comprehension (ICPC), 2019.

[91] VIVIANI G, FAMELIS M, XIA X, et al. Locating latent design information in developer discussions: A study on pull requests [J]. IEEE Transactions on Software Engineering, 2019.

[92] CHEN NC, SUH J, VERWEY J, et al. AnchorViz: Facilitating classifier error discovery through interactive semantic data exploration [C]. Proceedings of the 23rd International Conference on Intelligent User Interfaces, 2018.

[93] NI C, XIA X, LO D, et al. 2020. Revisiting Supervised and Unsupervised Methods for Effort - Aware Cross - Project Defect Prediction [J]. IEEE Transactions on Software Engineering, 2020.

[94] TRIVEDI G, PHAM P, CHAPMAN WW, et al. NLPReViz: an interactive tool for natural language processing on clinical text [J]. Journal of the American Medical Informatics Association, 2018.

[95] AMERSHI S, CAKMAK M, KNOX WB, et al. Power to the people: The role of humans in interactive machine learning [J]. Ai Magazine, 2014.

[96] FAILS JL, OLSEN DR. Interactive machine learning [C]. Proceedings of the 8th international conference on Intelligent user interfaces, 2003.

[97] SETTLES B. Active learning literature survey [J]. University of Wisconsin, Madison , 2010.

[98] MALBASA V, Zheng C, Chen PC, et al. Voltage stability prediction using active machine learning [C]. IEEE Transactions on Smart Grid, 2017.

[99] OLSSON F. A literature survey of active machine learning in the context of natural language processing [C]. Swedish Institute of Computer Science Technical Report, 2009.

[100] LILI YIN, HUANGANG WANG, WENHUI FA. Active learning based support vector data description method for robust novelty detection [C]. Knowledge - Based Systems, 2018.

[101] SANTOS, JOANNA CS, KATY TARRIT, et al. A catalog of security architecture weaknesses [C]. In 2017 IEEE International Conference on Software Architecture Workshops (ICSAW), pp. 220 - 223. IEEE, 2017.

［102］ BANERJEE, SIDDHARTHA, CEM AKKAYA, et al. Hierarchical transfer learning for multi‐label text classification ［C］. In Proceedings of the 57th Annual Meeting of the Association for ComputationalLinguistics, pp. 6295－6300. 2019.

［103］ DUMAIS, SUSAN, HAO CHEN. Hierarchical classification of web content ［C］. In Proceedings of the 23rd annual international ACM SIGIR conference on Research and development in information retrieval, pp. 256－263. 2000.